David and Goliath:
Underdogs, Misfits, and the Art of Battling Giants

逆转

弱者如何反败为胜

[加]马尔科姆·格拉德威尔
(Malcolm Gladwell) 著 王占华 译

中信出版集团 | 北京

图书在版编目（CIP）数据

逆转：弱者如何反败为胜 /（加）马尔科姆·格拉德威尔著；王占华译 . -- 2 版 . -- 北京：中信出版社，2020.8 (2022.6重印)

书名原文：David and Goliath: Underdogs, Misfits, and the Art of Battling Giants

ISBN 978-7-5217-2044-0

Ⅰ . ①逆… Ⅱ . ①马… ②王… Ⅲ . ①成功心理—通俗读物 Ⅳ . ① B848.4-49

中国版本图书馆 CIP 数据核字（2020）第 127844 号

逆转——弱者如何反败为胜

著　　者：[加] 马尔科姆·格拉德威尔
译　　者：王占华
出版发行：中信出版集团股份有限公司
　　　　　（北京市朝阳区惠新东街甲 4 号富盛大厦 2 座　邮编　100029）
承 印 者：北京诚信伟业印刷有限公司

开　　本：880mm × 1230mm　1/32　　印　　张：10　　字　　数：223 千字
版　　次：2020 年 8 月第 2 版　　印　　次：2022 年 6 月第 3 次印刷
京权图字：01–2013–3713
书　　号：ISBN 978–7–5217–2044–0
定　　价：69.00 元

马尔科姆·格拉德威尔其他作品

《陌生人效应》

《异类》

《引爆点》

《眨眼之间》

《大开眼界》

献给真正的弱者 A. L. 和 S. F.

第一部分
隐性的优势与劣势

1

2

3

第二部分
值得经历的困难

4

第三部分
权力的限制

5

6

7

8

9

系列推荐序

格拉德威尔的世界

得到 App 总编辑

李　翔

1

2000 年，37 岁的马尔科姆·格拉德威尔出版了自己的第一本书《引爆点》。

在此之前，他是一个留着“爆炸头”发型的记者，喜欢在家附近的麦当劳工作。他有一个数学家父亲和一个心理学家母亲，出生在英国，在加拿大长大并读大学，后来到美国工作。他是一个注定要走上写作这条路的人。他 6 岁的时候就开始阅读，最初的读物是《圣经》。16 岁的时候，他写了一篇小说，在这篇虚构作品里，他采访了“上帝”。这篇小说为他赢得了一项写作奖。

不过，后来格拉德威尔说，他从来没想过自己要成为一个作家。大学快要毕业的时候，他想去广告公司工作。于是他向多伦多的18家广告公司投了简历，结果没有一家公司觉得他是从事广告工作的料。他也想过读研究生，但是他没信心自己能考上。他想申请一份奖学金，到海外去游学一年，结果也失败了。

无奈之余，在多伦多大学拿到历史学位之后，格拉德威尔在印第安纳州出版《美国观察者》（*The American Spectator*）的一家小杂志社谋得了一份编辑的工作。他仍然不怎么走运，被杂志社开除了，据他自己说是因为他经常睡过头。在做了几年的自由撰稿人之后，他又在《华盛顿邮报》找到一份记者的工作，报道的领域包括商业、科技和医药。1996年，他从《华盛顿邮报》跳槽到《纽约客》，这份杂志可以给他充分的空间来写那些他感兴趣的话题。

在《纽约客》，按照他的编辑亨利·菲德尔的说法，格拉德威尔发展出一种新的文体——“格拉德威尔式文体”。这种文体的特征是以观念探索为驱动，在个人经历、社会事件和历史场景中来回转换，使人们开始重新思考早已默认的观念。

举两个例子。在《番茄酱之谜》这篇文章里，格拉德威尔试图解释一个在美国人的生活里很常见但是却没人仔细去探究的问题：为什么人们能够接受不同口味的芥末酱，由此得以让一个更高端的品牌贵普朋（Grey Poupon）崛起，人们也能够接受不同口味的意大利面酱（事实上，格拉德威尔在TED[①]演讲中说，有7种不同的醋、14种不

① TED是美国的一家私有非营利性机构，该机构以它组织的TED大会著称，会议的宗旨是“传播一切值得传播的创意”。——编者注

同的芥末酱和 71 种不同的橄榄油），但是，自从亨氏推出番茄酱，这个产品就再也没有产生过什么变化？

在《天才神话：“聪明人”是否名过其实》这篇文章中，格拉德威尔用心理学原理和案例分析对麦肯锡公司和它的客户们颇为推崇的人才识别系统发起挑战：“麦肯锡需要的是那种能够跳出既有框架思考的人，可是他们从未想过，如果每个人都需要跳出既有框架进行思考，那么就应该是这个框架本身需要被调整了。”

在《引爆点》里，格拉德威尔把自己的这种风格发挥到极致。他从暇步士（Hush Puppies）休闲鞋的意外走红和纽约犯罪率的突然下降开始谈起，然后发展出自己的一套用来解释事情突然变化的理论。简而言之，这套理论就是用来解释为什么某个事物突然开始流行，或者流行的趋势突然发生变化。

尽管格拉德威尔总是谦逊地说，他一直认为只有自己的亲戚朋友才会花钱去买一本《引爆点》，但是它在《纽约时报》的畅销书排行榜上停留了 28 周，卖出了 170 万册。格拉德威尔本人也从一名《纽约客》的作者摇身一变，成为无数经理人眼中的“营销上帝”。用他自己的话说，他开始在电脑键盘和麦克风之间摇摆：作为《纽约客》的作者，他每年要为这本杂志撰写 5 万到 6 万字的文章，题材任选；作为炙手可热的《引爆点》的作者，他每年要做 25 场演讲（他的出场费用已经高达每场 4 万美元）。《时代》杂志把他评选为“全球最具影响力的 100 人”之一；在咨询公司埃森哲（Accenture）列出的 50 位管理大师名单中，格拉德威尔名列第 27 位，排在他后面的包括第 37 位的杰克 · 韦尔奇和第 45 位的理查德 · 布兰森［维珍（Virgin）品牌的创始人]；商业杂志《快公司》称赞格拉德威尔是“21 世纪的彼得·德鲁克”。

2

从《引爆点》出版到现在，格拉德威尔已经出版了六本书，每一本都是超级畅销书。

在《引爆点》中，格拉德威尔分析了一个事物如何变得流行，掀起一股浪潮，或者如何抑制一个事物——比如疾病——的流行。他提出了流行三法则：个别人物法则、附着力法则和环境威力法则。个别人物由三类人构成：联络员、内行和推销员。联络员是善于结识人并且会介绍这些新结识的人相互认识的人，我们认识的人中大多数都是通过联络员介绍认识的；内行是对某种事物——比如汽车、手机甚至肥皂——感兴趣并且极其了解的人；推销员则是生活中那些不停推荐我们买什么样的东西、去哪家餐馆的人。附着力法则意味着，事物本身的微小改变可以改变它的命运，比如一款商品在设计上的微小变动就可以让它大卖。环境威力法则意味着，环境的微小改变能够引起巨大的变化，最好的例子莫过于纽约地铁犯罪率的突然下降——警方只是简单地将地铁站的涂鸦清洗掉，并且严禁逃票，结果所有重大犯罪的犯罪率都下降了。《引爆点》旨在证明格拉德威尔的一种简单想法，即改变这个世界并没有我们想象的那样困难，有时候，仅仅需要找到恰当的方法，并不需要太多成本，我们就能改变世界。

在 2005 年出版的《眨眼之间》里，格拉德威尔详细解释了人们所忽略的另外一种思维方式。我们非常重视理性的推论，并且我们接受的所有教育也都在培养这种思维方式，可是我们却忽略了另外一种思维方式——我们的直觉、我们的瞬间判断力。格拉德威尔要阐释的就是这种新的思维方式。他在书的序言中就举了一个典型的瞬间决断的例子：博物馆买下了一座雕像，专家们使用各种仪器对其进行研究，认为它是古希腊时期的，可是一位来访的教授第一眼就认定它是现代仿品，后来它果然被证明是现代仿品。

2008 年，格拉德威尔出版了《异类》。这本书的内容是研究成功。不过，正如书的副标题说的那样，他要写的是“不一样的成功启示录”。格拉德威尔在书里面推翻了天才的神话。他把“10 000 小时定律”普及开来：这个定律指的是，在任何领域想出类拔萃，都必须经过至少 10 000 个小时的练习。他要指出的另一个关于成功的不一样的地方在于，你出生的年代，甚至你出生的月份，会在很大程度上影响你的人生。美国最富有的人中有 14 个都生活在镀金时代[①]，包括比尔·盖茨和乔布斯在内的计算机大亨也都出生在 20 世纪 50 年代。你出生的年代决定了你在一次新的技术浪潮来临时，是否站在了一个恰当的位置上。

2013 年的《逆转》讨论的是强弱对比的问题。在格拉德威尔看来，有些劣势可以成为优势，而有些旁人认为的优势其实是劣势。他从探讨大卫和歌利亚的决斗出发来解释这一点。大卫能战胜歌利亚的一个很重要的原因是他拒绝遵守决斗规则。大卫拒绝了以色列军队统帅扫罗要借给他铠甲和利剑的好意，因为披上厚重的铠甲并手持利剑

① 镀金时代指从南北战争结束到 20 世纪初的美国历史时期。——编者注

之后，行动速度就会降低，而且这会迫使他不得不像一个步兵那样和步兵中的佼佼者歌利亚决斗。他选择在离对手有一段距离的位置向其没有遮挡的前额投出石块，从而成功击晕了歌利亚这个巨人，然后快速接近他并用歌利亚的剑斩下其头颅，而不是面对面地用兵器和歌利亚拼个你死我活。回到我们生活的世界，患上阅读障碍症的人也得到了补偿：有的人变得更会倾听，有的人变得更加善辩、更加具有说服力，而且他们都更能接受失败。相反，很多优势却未必一直是优势。比如，并不是班级越小，教学质量就越高；不是你考入的大学越好，你就会越成功。

《逆转》出版六年之后，格拉德威尔出版了《陌生人效应》。这本书要探讨的主题是，陌生人之间为什么会产生误解、轻信和冲突。为什么一名古巴间谍能够潜伏中情局很多年，能够成功骗过其他经验丰富的情报官员？并且更让人吃惊的是，当事后反思时，人们其实能够发现其有过无数的破绽。为什么尽管不断有人向美国证监会等机构举报麦道夫，但他的庞氏骗局依然能够维持那么多年？为什么交通警察会开出那么多罚单，并且很容易跟司机发生冲突？

除了以上五本书，格拉德威尔还把他为《纽约客》写的文章结集出版为一本书——《大开眼界》。我前面提到的《番茄酱之谜》就被收录在这本书里。这本书还收录了他对《黑天鹅》一书的作者塔勒布的采访。

格拉德威尔的每一本书都在探讨一个每个人都会关心的问题，并且能给出一个不同的思考维度：某个事物为什么会流行？人们是如何思考和决策的？什么样的人能够取得成功？优势和劣势如何互相转换？人们为什么会轻信他人，又为什么会跟他人发生冲突？

他的每一本书都是典型的“格拉德威尔式文体”，用讲故事的方式来介绍最新的科学研究，以解释生活中司空见惯的事，并改变你对这些事情的看法。格拉德威尔在一次采访中盛赞另一位非虚构作家迈克尔·刘易斯为天才，其实，他自己又何尝不是一个天才呢？

格拉德威尔曾经说，他写作的动力之一就是想知道，如果用另一个人的眼睛、另一个人的头脑去看、去思考某个问题，他会得到什么样的答案——无论是关于番茄酱、“挑战者”号航天飞机事故，还是一桩公司丑闻。如今，通过他的书，我们有了一条捷径，可以透过他的眼睛和头脑去看、去思考问题。

我强烈推荐你随便翻开一本格拉德威尔的书，走进格拉德威尔的世界。他一定会改变你对事物的既有看法。

耶和华却对撒母耳说：

“不要看他的外貌和他身材高大，

我不拣选他，

因为耶和华不像人看人，

人是看外貌，

耶和华是看内心。”

撒母耳记上 16：7

前言

未知的机会：大卫与歌利亚

歌利亚从没想过决斗会以一种
他意想不到的方式进行。

1

著名的士非拉（Shephelah）位于古代巴勒斯坦中央，拥有绵延的山脊和山谷，连接着朱迪亚山脉和广阔的地中海平原。这是一个美得令人窒息的地方，葡萄园、麦田、西克莫无花果林及松脂木遍布。同时，它也具有重要的战略意义。

海岸沿线的民族可以通过这些分布在地中海平原上的山谷到达位于朱迪亚高原的希伯伦、伯利恒和耶路撒冷。因此，为了争夺对该地的控制权，几个世纪以来，这里发生了很多场战争。虽然北部的亚雅伦（Aijalon）山谷的地位最为重要，但以拉（Elah）山谷才是众多著名故事的发生地。12 世纪，萨拉丁[①] 在此与十字军对战。一千多年以前，在与叙利亚交战的马加比战争中，以拉山谷一直发挥着核心作用。不过，更广为人知的是，在《圣经·旧约》成书的年代，这里是新兴的以色列王国防御非利士军队的据点。

非利士人是来自克里特岛的一个航海民族，他们曾移居到巴勒斯坦，并在海岸边定居。以色列人由国王扫罗领导，聚居在山上。公元前 11 世纪下半叶，非利士军队开始向东行进，沿着以拉山谷蜿蜒而上。他们的目的是占领靠近伯利恒的山脊，将扫罗的王国一分为二。非利士军队作战经验丰富，极具攻击性，是以色列军队不共戴天的敌人。惊慌失措的扫罗国王见状，急忙召集大臣下山迎战。

非利士军队驻扎在以拉山南部的山脊，以色列军队驻扎在以拉山北部的山脊。两军隔着山谷对峙，双方都不敢轻举妄动。最后，非利士军队沉不住气了，为了打破僵局，他们派出最强壮的勇士，让他下山去跟以色列士兵单挑。

这位非利士勇士是个巨人，身高两米左右，穿着青铜盔甲，全副武装。手上握着一支投枪，一支矛，一把剑。巨人对着以色列军队大喊：“你们选一个人出来跟我决斗吧。如果他战胜了我，把我杀死，我们就做你们的奴隶。但是如果我战胜了他，并且把他杀死，你们就要做我们的奴隶，为我们服务。”

以色列军营中没有人敢站出来。谁能战胜如此可怕的对手？突然，

① 萨拉丁（Saladin），埃及阿尤布王朝开国君主，在阿拉伯人抗击十字军的战争中表现卓越。——编者注

一个牧童站了出来，说他愿意下山去迎战巨人。这个牧童来自伯利恒，正要去给他哥哥送饭。扫罗拒绝了。“你不能去和这个非利士人决斗，你还是个孩子，而他却是身经百战的战士。”但是牧童态度坚决，他说他见过比这可怕的对手。他告诉扫罗：“每次狮子和熊把羊偷走的时候，我都会偷偷跟在它们后面，把它们杀死，然后把羊救出来。”扫罗没有再说什么，他似乎不再那么坚持了。随后，牧童下山朝着山谷的巨人走了过去。巨人看着朝他走来的对手，大喊道：“到我跟前来，我要拿你身上的嫩肉去喂天空的鸟儿和地上的野兽。”然后，历史上最著名的决斗开始了。这个巨人就是歌利亚，牧童就是大卫。[1]

2

本书是描述普通人如何面对巨人的。这里的“巨人”指的是各种强大的对手，包括军队、勇士，也包括身体的残疾、不幸和苦恼。每一章讲述的都是不同人的故事，他们有的非常著名，有的默默无闻；有的是普通人，有的是杰出人士。他们曾面对巨大的挑战，不得不做出回应——按规矩办事，还是遵从自己的本能行事？坚持还是放弃？回击还是选择原谅？

我想通过这些故事探究两个方面的内容。第一，那些在我们看来有价值的东西往往源于不平衡的冲突，我们在希望渺茫时做出的反应往往包含着让事情变得伟大而美丽的因素。第二，我们对这些冲突的理解常常是错误的。它们总被我们误解。巨人们并不像我们想象的那样，他们身上那些看似为优势的东西经常会变成劣势。而身为一个弱者这一现实却能在某些未知的方面改变人们：它会为人们打开门，创造新的机会；它能教育、启迪人们，促使人们达成那些看似极难触及的目标。只是面对巨人时，我们需要更好的指引。而那场3 000年前发生在以拉山谷的战役——大卫与歌利亚的对决——便是最好的起点。

歌利亚朝着以色列军队大喊的时候，他希望有一个人来跟他决斗。这是古代的一种惯例。作战双方为了避免出现大规模的伤亡，会分别选出一名勇士代表双方进行决斗。例如，公元前1世纪，罗马历史学家昆图斯·克劳狄乌斯·夸迪伽里乌斯（Quintus Claudius Quadrigarius）讲述了一场史诗般的战役。在这场战役中，高卢人对罗马军队十分鄙夷。“这让一个叫提图斯·曼利乌斯（Titus Manlius）的年轻人愤怒无比。曼利乌斯来自罗马最高统治阶级家庭。”夸迪伽里乌斯写道。曼利乌斯决定跟高卢人决斗：

> 他往前走，他不想让英勇的罗马人被高卢人比下去。曼利乌斯拿着古罗马军队的盾牌和西班牙剑来到了高卢军队面前。在阿涅内河的一座桥上，他们当着双方军队的面开始了决斗。双方都忧心忡忡。高卢勇士按照策略，拿着盾往前走，伺机等待；曼利乌斯勇气可嘉，用自己的矛攻对方的盾，高卢人因此失去了平衡。当高卢人试图调整回原来的位置时，曼利乌斯又用矛去攻他的盾，高卢人不得不再次调整自己的位置。曼利乌斯就这样躲开了高卢人的剑，并将自己的剑刺进了高卢人的胸膛……曼利乌斯杀死高卢人后，将他的头颅砍了下来，并把他的舌头扯下来扔掉，他的脖子周围因此沾满了鲜血。[2]

这就是歌利亚所希望的——和一个跟他一样的勇士，来一场近身肉搏战。他从没想过决斗会以一种与众不同的方式进行。他早就做好了决斗准备。为了保护自己的身体免受伤害，他穿了一件制作精良的束腰盔甲，上面缀着几百片重叠的铜片，如鱼鳞一般。这件盔甲裹着他的双臂，长及膝盖，重达100多磅①。他的双腿裹着青铜片，脚上也覆盖着青铜片。头上戴着一顶很重的金属头盔。他随身配有三件兵器，这几件兵器能在近身搏斗中发挥重大作用。他手持青铜投枪，这根投枪十分锋利，可以击穿盾，甚至盔甲。他的臀部还挂着一把剑。手上还握有一根用于短距离搏斗的矛，金属矛杆和“织轴一般粗”——这是他的首选兵器。用绳子将投枪与一整副重物绑在一起，这样在他将投枪扔出去的时候，投枪就能获得巨大的力量，且能精确地击中对手。正如历史学家摩西·加西埃尔（Moshe Garsiel）所说：“对以色列军队来说，这是一种特殊的投枪，投枪杆又长又重，上面还有笨重的钢制刀片。当歌利亚用强壮的手臂将投枪投掷出来时，这根投枪似乎可以一下子击穿青铜盾和青铜盔甲。”[3] 现在你明白为什么以色列人不敢迎战歌利亚了吧？

然后，大卫出现了。扫罗试图把自己的剑和盔甲交给大卫，因为这样大卫至少还有战斗的机会。大卫拒绝了。“穿上这个我就不会走路了，”他说，“我从来不穿这个。”然后他朝山谷走去，在路上捡了5颗光滑的石子，将它们放进肩包里。他带着牧羊人的棍子来到山谷。歌利亚看到这个朝他走过来的男孩儿，觉得自己受到了侮辱。他期望

① 1磅约为0.45千克。——编者注

的对手是一个久经沙场的勇士，然而朝他走过来的却是一个牧童，一个来自最卑贱阶层的小男孩儿。大卫似乎想用棍子来对付歌利亚的剑。歌利亚指了指那根棍子说："我是一条需要你带着两根棍子来对付的狗吗？"

接下来发生的事则完全是一则传奇。大卫拿出肩包里的一颗石子放在投石器的皮囊里，朝着歌利亚没有遮挡的前额发射过去。歌利亚当即昏厥倒地。大卫跑过去，用巨人的剑砍下了巨人的头颅。《圣经》接着写道："非利士军队看到自己的勇士死了，便逃走了。"

一个看起来完全没有任何胜算的弱者奇迹般地赢了这场决斗。几个世纪以来，我们在跟别人讲述这个故事时，总是照着这个思路来讲。后来发展到将"大卫与歌利亚"用来比喻不可能的胜利。问题是，几乎所有有关这个故事的看法都是错的。

3

古代军队里有三种士兵。第一种是骑兵，他们携带武器，骑在马背上或者站在战车上。第二种是步兵，他们身穿盔甲，手持剑和盾牌。第三种是投手，即今天我们所称的射击手，包括弓箭手和具有更重要作用的投石手。投石手的投石器构造简单，即两条绳子中间系一个皮囊。他们会在皮囊里放上石头或者铅球，拎着皮囊转圈，圈子越转越大，速度也越来越快。接着他们会放开其中一端的绳子，石头或者铅球便会飞出去。

投石需要技巧，也需要练习。有经验的投石手可以把投石器变成一种致命的武器。在中世纪的一些画作中，我们经常能看到投石手射击空中飞行的鸟儿的场景。据说，爱尔兰的投石手可以击中他们视线范围内的任何一枚钱币。《圣经·旧约·士师记》中记载，投石手可以精确地击中目标，丝毫不差。一个有经验的投石手可以让一两百码[①]内的敌人死亡或者受伤。[②]罗马人甚至还发明了一套特殊的钳子，用来夹出那些被投石器击中的士兵身体里的石子。想象一下，此刻你正在职业棒球大联赛的投手面前，他将球对准了你的头。面对投石手时便是这样一种情况，只不过对方丢出来的不是一颗软木心的皮球，而是一颗坚硬的石子。

历史学家巴鲁克·哈尔彭（Baruch Halpern）认为，投石是古代战争中十分重要的一环。三种士兵相互制衡，就跟石头剪刀布游戏的每个手势一样。步兵手持长矛，身穿盔甲，可与骑兵对抗。骑兵可以打败投石手，因为马匹的移动速度很快，投石手难以瞄准目标。而投石手可以置步兵于死地，因为步兵身着盔甲，十分笨重。处在100码内的步兵对投石手来说是极易击中的目标。“这便是雅典西西里岛远征军在伯罗奔尼撒战争中战败的原因，”哈尔彭写道，“修昔底德用大量的篇幅描绘了当地的轻装步兵是如何在山上杀害大批雅典重装步兵的，他们使用的主要武器就是投石器。”[4]

歌利亚是重装步兵。他认为，即将和他决斗的也会是重装步兵，他们会像提图斯·曼利乌斯和高卢勇士那样决斗。当他说“到我跟前

---

① 1码约为0.91米。——编者注

② 现代的投石纪录是拉里·布雷（Larry Bray）于1981年创下的：437米。显然，在这个距离内，投石手可以准确地击中目标。

来，我要拿你身上的嫩肉去喂天空的鸟儿和地上的野兽”，关键句是“到我跟前来”。他的意思是“到我跟前来，我们才能进行近身搏斗”。而扫罗之所以想让大卫穿盔甲、佩剑，也是因为他做了同样的一种假设，他认为大卫要和歌利亚进行近身肉搏。

然而大卫并不想遵循决斗的惯例。他告诉扫罗，他放羊的时候杀死过熊和狮子，他这么说不仅表现出他的勇气，也表明了一件事：他打算像对付野兽那样对付歌利亚——他要做一个投石手。

他跑向歌利亚。因为没有穿盔甲，所以他速度很快，动作很灵便。他拿了一颗石子放在皮囊里，不停地甩动皮囊，速度越来越快，每秒 6~7 转。他将投石器瞄准了歌利亚的前额——这是巨人唯一的弱点。最近，弹道学专家埃坦 · 赫希（Eitan Hirsch）和以色列国防军进行了一系列计算，结果表明一个专业的投石手在 35 米的距离内投出的常规大小的石子，能以每秒钟 34 米的速度击中歌利亚的头。这个速度足够将石子射入歌利亚的头颅，令其失去意识或者死亡。从制动能力来说，这种威力相当于一把现代手枪的威力。赫希写道：“我们发现大卫投出石子并击中歌利亚的整个过程只持续了一秒多，时间太短了，以致歌利亚根本来不及保护自己。而事实上，在那段时间内，歌利亚根本没有移动过半步。”[5]

歌利亚能做什么呢？要知道，那时他身上的盔甲足有 100 磅重。他准备来一场近身搏斗，这样他就可以站着不动；他身上的盔甲能够帮他挡住对方的攻击，这样他就可以将矛用力地刺向敌人的身躯。他看到大卫走过来的时候，首先是蔑视，接着是惊讶，然后便只有恐惧——他似乎明白了，这场斗争和他期望的斗争不一样。

大卫对歌利亚说："你可以用剑、矛和长枪刺我，但是我会以耶和华——你鄙视的以色列战神之名同你决斗。今天，耶和华将你交到我的手上，我必击杀你，砍下你的头颅……这里的人都会知道，耶和华拯救世人，不是靠刀或者矛。因为战争的胜败取决于耶和华，他必然会将你们都交到我们手上。"

大卫两次提到了歌利亚的剑和矛，似乎在强调自己那与众不同的意图。接着他将手伸进肩包里拿出一颗石子。在那一瞬间，没有一个人认为大卫可以取得胜利。大卫投出石子，把手放了下来。大卫是一个投石手，投石手战胜了步兵。

历史学家罗伯特·多伦温德（Robert Dohrenwend）写道[6]："歌利亚几乎没有战胜大卫的机会，这就像一个拿着青铜时代的剑的勇士无法战胜佩有点 45 口径自动手枪的对手一样。"①

4

为什么人们会对那天在以拉山谷发生的事产生那么多误解？第一个原因是，这场决斗揭示了我们在力量认知方面的愚蠢。扫罗国王之所以不相信大卫有获胜的机会，是因为他认为大卫弱小而歌利亚强大。

---

① 1967 年第三次中东战争中以色列传奇胜利的缔造者——以色列前国防部长摩西·达扬（Moshe Dayan）也写过一篇关于大卫和歌利亚的文章。在达扬看来，"大卫打败歌利亚用的并不是威力较小的武器，恰恰是威力较大的武器。他的伟大并不在于他自愿跟一个远比自己强大的人决斗，而在于他知道一个弱者该如何使用武器，掌握优势，让自己变得更强大"。[7]

扫罗认为的力量只是物理上的力量而已，他不知道力量也可以有其他的形式：打破规则时产生的力量，用速度和出人意料的技巧攻克强壮对手时产生的力量。犯这种错误的人并不只有扫罗一个。在接下来的篇幅中，我会证明我们直到今天还在犯这种错误，这种错误影响了每一件事，小到我们如何教育孩子，大到我们如何解决犯罪与动乱问题。

这里还有第二个原因，也是更深层的原因。扫罗和以色列军队自认为他们了解歌利亚。然而他们只是大略地评估了他，便直接得出结论：他是一个有能力的人。他们并没有真正地了解他。他的行为让人看了摸不着头脑。人们认为他是一个英勇的战士，但是他的行为并不像一个英勇的战士。他是由一个随从领着走下山谷的，这个人走在他前面，手上还拿着一面盾牌。在古代，拿着盾牌的士兵在战时通常会与弓箭手配合，因为那些拿着弓和箭的人没法儿腾出手来保护自己。但为什么跟人决斗的歌利亚会需要一个拿着盾牌的随从？

还有，为什么他要对大卫说“到我跟前来”？为什么歌利亚不走向大卫呢？《圣经》中着重描写了歌利亚移动的速度——很慢，以及他说的话——一个拥有无穷力量的英雄说这样的话着实奇怪。另外，在歌利亚看到大卫从山坡上下来，没带剑和矛，也没穿盔甲的时候，他的反应为什么那么迟缓？他看到大卫的第一感觉就是自己被侮辱了，而不是觉得害怕。他似乎对周围的一切了如指掌。更奇怪的是，当他终于看见大卫带着棍子走过来的时候，他竟然说：“我是一条需要你带着两根棍子来对付的狗吗？”两根棍子？大卫手上明明只有一根棍子。

现代有许多医学家相信，歌利亚患了很严重的病。他看起来就像一个患了肢端肥大症的人。这种疾病是由脑下垂体的良性肿瘤引发的。肿瘤会导致人的生长激素过剩，这也就解释了歌利亚体形巨大的原因。（历史上最高的人罗伯特·瓦德罗也患有肢端肥大症。他去世的时候，有 2.7 米左右。）

此外，肢端肥大症通常会引发视觉问题。脑下垂体肿瘤会压迫视觉神经，因此患有肢端肥大症的人都会出现严重的视觉受限、复视（重影）问题。为什么歌利亚要由随从领着走到山谷？因为随从是他的视觉向导。为什么他移动的速度这么慢？因为他看不清周围的一切。为什么他那么迟才明白大卫改变了战斗规则？因为他没有看到大卫，直到大卫来到他跟前。“到我跟前来，我要拿你身上的嫩肉去喂天空的鸟儿和地上的野兽。”他喊了出来，提出这样的要求恰恰暗示了他的弱点。他需要大卫到他跟前是因为他看不清大卫。而歌利亚说的“我是一条需要你带着两根棍子来对付的狗吗”这句话也就有了合理的解释。大卫手里只有一根棍子，然而歌利亚因为视力有问题，把一根棍子看成了两根棍子。[8]

山脊高处的以色列军队看到的是一个恐怖的巨人。事实上，巨人那庞大的身躯正是他最大的弱点。这是一个重要的教训，在与任何类型的巨人交战时都适用。拥有力量和强大的东西并不总是它们看起来的那个样子。

大卫向歌利亚走过去是因为他有勇气，有信念。歌利亚没有看到大卫正向自己走来。一直到大卫走下来，这个动作缓慢、视线模糊的巨人才明白决斗规则已经改变了。一直以来，我们都误解了这类故事的含义。读完本书，你会发现这类故事的真正含义。

第一部分

隐性的优势与劣势

一些人假装富有，其实他们一无所有；一些人假装贫穷，其实他们早就拥有了巨额财富。

箴言篇 13：7

1

突破规则：篮球比赛的阴谋

我们往往把无益当成有益，却对使
我们强大而明智的东西视而不见。

1

维威克·拉纳迪夫决定担任女儿安贾莉所在篮球队的教练时，他给自己定下了两大原则。第一大原则就是他永远不会大声吼孩子们。该球队是参加美国青少年篮球联赛的球队之一。球队里都是一些 12 岁左右的孩子。根据他以往的经验，对这些 12 岁的孩子大喊大叫是没有用的，她们根本不会理你。于是他决定要像经营自己的软件公司一样来“经营”篮球队。他讲话时要平静、温和，结合常识和推理式的语言来说服这些聪明的女孩儿按他的想法打球。

第二大原则相对来说更重要。美国人打篮球的方式让拉纳迪夫觉得迷惑不解。他来自孟买，从小接触的就是板球、足球。他永远也不会忘记自己第一次看篮球比赛的情形。他觉得这种比赛愚蠢极了。A 队得分后便迅速退到己方场地。B 队从边线传球，运球进入 A 队场地。A 队队员一直在那儿耐心等待着。接着又会发生同样的情形，只不过是攻防位置对调罢了。

一个常规的篮球场长94英尺[①]。在大多数情况下，一支队伍只会防守24英尺长的场地，而放弃剩下的70英尺长的地方。偶尔，一些球队也会在全场都紧逼对手，就是说他们会竭尽全力阻止对手运球过界。但是这种战术持续的时间只有几分钟。在拉纳迪夫看来，篮球运动中似乎存在着某种关于篮球比赛该怎么打的阴谋。而这种阴谋使得强队和弱队的差距拉得更大了。毕竟，强队拥有个子高大的球员，他们运球技术好，投篮准，可以在对方场地内准确无误地实施既定策略。但为什么弱队要用这样的方式打球，让强队可以更轻而易举地做自己擅长的事呢？

拉纳迪夫观察了他的队员。莫佳和茱莉娅可以算得上是真正的篮球运动员，但是尼琪、安吉拉、达妮、荷莉、安妮卡和他女儿安贾莉从来没有打过篮球。她们个子不高，不会投篮，更不擅长运球。她们只适合参加每天晚上球场上临时组织的比赛。拉纳迪夫住在门洛帕克，是加利福尼亚州（以下简称“加州”）的硅谷中心。照拉纳迪夫的说法，他的队员都是些“年轻的金发女孩儿”。她们的爸爸要么是网虫，要么是计算机程序员。她们钻研科学，读那些又厚又晦涩的书，梦想着长大以后可以成为海洋生物学家。拉纳迪夫知道如果她们按常规方式来打球的话，即让对手在对手方场地没有防守的情况下直接运球攻入她们的场地，那她们一定会输给那些酷爱篮球的女孩儿。拉纳迪夫17岁时，口袋里揣着50美元就来到了美国。他是一个不轻易接受失败的人。他的第二大原则便是要让他的队员在任何一场比赛中，

① 1英尺等于0.304 8米。——编者注

一直都实行全场紧逼战术。最终，他的球队得到了美国青少年篮球联赛冠军。安贾莉·拉纳迪夫说："就是凑巧而已，我父亲从来没有打过篮球。"

2

试想一下，你参加了过去200年里所有大国和小国之间的战争。我们假设参战一方的人口至少是另一方的10倍，其武器装备的威力也比另一方强得多。你是不是认为强大的一方会获胜？我想，我们中的大多数人都会认为强国获胜的概率接近100%。因为10倍的差距实在是太大了。然而，真正的结果会让你大吃一惊。几年前，政治学者伊万·阿雷金·托夫特（Ivan Arreguín-Toft）对此进行了统计，他得出的结论是：强国获胜的概率为71.5%；弱国取胜的概率为28.5%，只比1/3低了一点点。[1]

阿雷金·托夫特接着又提出一个稍有区别的问题。假如强国与弱国之间发生战争，弱国采取了和大卫一样的行为，他们不愿以强国想要的方式对战，而是采取打破惯例的方法和使用游击战术，局势又会怎样发展？结果表明，在这种情况下，弱国取胜的概率一下子从28.5%攀升到63.6%。举个例子来说，美国人口数量是加拿大人口数量的10倍，如果这两个国家发生战争，加拿大又选择了非常规的战争方式，那么历史给你的建议是押加拿大赢。

我们总认为弱者取胜是不可能的。这就是大卫与歌利亚的故事在人类历史长河中引起强烈反响的原因。然而阿雷金·托夫特指出，事情完全不是这样的。弱者总是会获胜。那为什么每次大卫打败歌利亚的时候我们都会如此吃惊？为什么我们总会自然而然地认为一个人力量弱小或技术欠缺一定是缺点？

阿雷金·托夫特列出了一个弱者取胜的名单，其中就包括 T. E. 劳伦斯（T. E. Lawrence，他更为人所熟知的名字是“阿拉伯的劳伦斯”）。第一次世界大战末期，他领导阿拉伯人起义，反抗占领阿拉伯地区的土耳其军队。当时英国人也支援阿拉伯人进行起义。他们的目标是毁掉土耳其人兴建的从大马士革到汉志沙漠的铁路。

这是一项令人望而生畏的任务。土耳其拥有一支强大的现代军队。而劳伦斯带领的则是他难以驾驭的贝都因人。他们没有什么技能，只是普通游牧民。在当地的一名英国指挥官雷金纳德·温格特爵士（Sir Reginald Wingate）称他们为“一群连枪都没有开过的乌合之众”。但是他们坚忍不拔，动作灵活。一个典型的贝都因军官配备的武器为一把步枪，100 发子弹；他还要背 45 磅面粉，这意味着他一天能在沙漠行走110英里[①]，即使在夏天也一样。他们带的饮用水只有 1 品脱[②]，因为他们特别擅长在沙漠中寻找水源。“我们的优势是速度和时间，而不是攻击力，”劳伦斯写道，“我们最丰富的可用资源就是部落里的男子，他们从来没有参加过真正的战争，他们的优点是活动能力强，耐力足，具备一定的聪明才智，熟悉乡村，勇气可嘉。”18 世纪的元帅莫里斯·德·萨克斯伯爵说过一句著名的话：“战争的决定

① 1 英里约为 1.6 千米。——编者注

② 品脱，英美制容量单位，1 品脱约为 568 毫升。——编者注

力量在于人的双腿，而不在于武器。”劳伦斯的军队里有的恰恰都是“腿”。1917 年春天，劳伦斯一方捷报连连：3 月 24 日，他们炸毁了 60 处铁路，切断了布埃的一条电报线路；3 月 25 日，他们毁掉了一辆火车和阿布那的 25 处铁路；3 月 27 日，他们炸毁了 15 处铁路，切断了伊斯坦布 · 安塔尔的一条电报线；3 月 29 日，他们袭击了土耳其军队的一个驻地；3 月 31 日，他们又毁掉了一处铁路；4 月 3 日，他们炸毁了赫迪亚的 11 处铁路；4 月 4 日和 5 日，他们毁掉了戴几河谷地区的一处铁路线；4 月 6 日，他们对敌人进行了两次袭击。

劳伦斯指挥的最成功的一场战役是突袭港口城市亚喀巴。土耳其军队预料到会遭遇袭击，但他们认为发动袭击的应该是那些在亚喀巴水面向西航行的英国轮船。而劳伦斯决定从东面对土耳其进行突袭。他们穿过不设防的沙漠，来到了亚喀巴。为达到这一目标，劳伦斯让士兵转了一个周长达 600 英里的圈：从汉志往北，深入叙利亚沙漠，然后再折回亚喀巴。那时正值夏天，他们需要穿过中东荒无人烟的一些地区。劳伦斯自己则取道大马士革郊区，误导土耳其军队。“今年的山谷里似乎到处都是角蝰、鼓身蛇、眼镜蛇和黑蛇，”劳伦斯在《智慧七柱》（*Seven Pillars of Wisdom*）中描写了其中一段旅程：

> 天黑后，要打水就不那么容易了，因为蛇要么在池塘里游泳，要么就三五成群地聚集在池塘边。眼镜蛇曾闯入我们的警戒圈两次，当时我们正在一边喝咖啡一边讨论战略。我们有三名士兵因被毒蛇咬伤而丧命；还有四名士兵被毒蛇咬伤，身体因为毒素扩散而肿胀。还好在经历了巨大的恐惧和痛苦之后他们最终康

> 复了。当地人处理这种伤口时，会在患处涂上蛇皮膏药，然后给伤者诵读《古兰经》，直到他死亡。[2]

最终，他们到达了亚喀巴。劳伦斯的几百名士兵杀死、俘虏了土耳其的 1 200 多名士兵，只有两名士兵侥幸逃脱。头脑简单的土耳其士兵怎么也想不到对手会如此疯狂，竟然穿越沙漠来突袭他们。

雷金纳德·温格特爵士称劳伦斯的士兵为一群“乌合之众”。在他看来，土耳其军队具有压倒性的优势。但是你不觉得这很奇怪吗？乍看之下，像土耳其军队那样，士兵众多、武器充足、物资丰富，的确是一种优势。但这种优势会让军队无法行动，最终只能由攻变为守。而劳伦斯军队活动能力强，耐力足，具备一定的聪明才智，熟悉乡村，勇气可嘉，因此他们可以做对手不可能做的事情，即从东面突袭亚喀巴。如此大胆的一个策略是土耳其军队无法预料到的。有些优势必须依赖于物资，而另外一些优势则只有在缺乏物资的情况下才会出现。弱者能够取胜，往往就是因为有时候后一类型的优势与前一类型的优势完全相当。

基于某些原因，我们很难认识到这一点。我想，我们给“优势”下的定义十分严格，且限制过多。我们往往把无益当成有益，却对使我们强大而明智的东西的价值视而不见。本书的第一部分就是要试图揭示这种错误认知导致的后果。当我们看到巨人的时候，我们为什么会自然而然地认为他就能取得胜利？怎样才能像大卫、阿拉伯的劳伦斯及本章提到的维威克·拉纳迪夫和他的篮球队员那样，成为不按常规标准行事的人？

3

作为红杉城的代表队，拉纳迪夫的红杉队被分到美国青少年篮球联赛的七、八年级组。这些女孩儿在圣卡洛斯附近的佩耶体育馆进行训练。因为拉纳迪夫从来没打过篮球，所以他聘请了一些专家来帮他。他聘请的第一个专家是罗杰·克雷格，克雷格以前是职业运动员，后来在拉纳迪夫的软件公司工作。[①] 克雷格同意加入后，拉纳迪夫又招募了克雷格的女儿罗梅特，她在中学期间打过篮球。罗梅特是防守对方球员的最佳人选，如果你不把她放在那个位置上的话，她就无法发挥自身的价值。队里的女孩儿都喜欢罗梅特。“她看起来就像一个大姐姐，”安贾莉·拉纳迪夫说道，“跟她待在一起感觉很棒。”

红杉队的策略主要集中在两个时间限制点上。为了推进比赛，双方队伍都必须遵守这两个时间限制点。第一个是发界外球的时间。当一个队得分时，另一个队的球员会在界外发球，她有 5 秒钟的时间可以将球传给场上的队友。如果超出这个时间，球就由对方球员控制——通常不会发生这种状况，因为对方球员不会浪费时间去防守界外球，她们会跑回自己的半场。但是红杉队的女孩儿不打算这样做。队里的每个女孩儿都要像幽灵般紧紧地跟着对手。一些球队在实行紧逼战术的时候，防守队员会站在被防守的进攻队员身后，这样一旦进攻队员拿到球，她就可以阻止她将球传出去。但红杉队的女孩儿反其道而行之，她们采取的是更有攻击性、风险更高的战术。她们站在对

---

① 应该说罗杰·克雷格不仅仅是一名职业运动员。虽然说他现在已经退休了，但他仍是美国橄榄球联赛历史上最伟大的跑卫之一。

手前面，力图在第一时间就截断对方发出的界外球。她们没有安排人去防那个发界外球的队员。这样红杉队就多出一个球员。在拉纳迪夫的战术中，这个球员是机动球员，她可以帮助队友防守对方球队的最佳球员。

拉纳迪夫说："想想橄榄球。四分卫带着球跑，一整片场地都是他的。虽然他可以随便掷球，但传球还是非常困难的。"篮球比赛中的传球就更难了。相比橄榄球，篮球场地更小，运球有 5 秒的时间限制，球更重更大。而红杉队的女孩儿更是严防对手，让她们无法在 5 秒钟内发出界外球。有时，发球队员因为害怕超过 5 秒的时间限制，会随便将球丢出去。有时，发球队员发出的球还会被红杉队队员拦截下来。拉纳迪夫的队员都非常疯狂。

篮球比赛的第二个时间限制点是要求队员在 10 秒内就带球攻入对方的半场。如果红杉队的对手没有超出第一个时间限制点，及时将球发出去的话，红杉队的女孩儿会立即将注意力放在第二个时间限制点上。她们会冲向那个接到球的队员，然后"围堵"她。安贾莉就是其中一个"围堵者"。她会全速冲过去，伸开又长又宽的双臂，与另一名队员一起紧盯对方正在运球的队员。也许她能抢断球。也许对方球员会因为恐慌而将球传出去；或者停止运球，紧抱着球，这样裁判就会吹哨。

"刚开始打球的时候，没有人知道该做什么。防守之类的，我们都不懂。"安贾莉说，"所以我爸爸就说'整场比赛下来，你们要做的就是紧逼对方球员，确保她们接不到球'。从对方那里抢断球的感觉太棒了，比任何一种感觉都好。在比赛中，我们就是紧逼她们，抢断她们的球，一遍又一遍。这会让对手觉得非常紧张。我们有时会碰到一些水平比我们高很多的球队，她们已经打了很长时间的球了，但我们依然能够打败她们。”

红杉队常以 4∶0、6∶0、8∶0、12∶0 这样的分数领先对手。有一次她们甚至以 25 ∶ 0 领先。因为她们会直接带球上篮，很少会投那些命中概率低、需要技巧和训练的远射球。有一年，在红杉队输掉的为数不多的比赛中，其中一场比赛只有四名队员上场。她们依然实行紧逼战术。为什么不呢？她们只输了三分而已。

罗梅特·克雷格说：“对我们球队来说，紧逼战术能够隐藏我们的弱点。事实上，我们球队没有好的外线投手，队员身高也不是特别高。我们越注重紧逼战术，就越能抢断球，越能得到带球上篮的机会。而且我对球员很诚实。我告诉她们‘我们并不是最好的篮球队’，她们都清楚各自的角色。”一个 12 岁的女孩儿愿意为了罗梅特而战。“她们都非常了不起。”她说。

劳伦斯在袭击土耳其军队时选择了对方防守力量薄弱的地方——铁路沿线最偏远、最荒芜的村落，而非重军把守的地方。红杉队突袭的是界外球的传球环节。在篮球比赛中，不管是强队还是弱队，都很容易在这个环节受到攻击。大卫拒绝和歌利亚进行近身搏斗，因为那样的话，他一定会输。于是他站得很远，把整个山谷都变成了他的战场。红杉队的女孩儿采用的也是这样的战术。她们防守的是整个篮球场。全场紧逼靠的是腿，而不是手臂。努力取代了能力。她们和劳伦斯军队里的贝都因人一样，“不善于进行常规战争”，她们的优点也是“活动能力强，耐力足，具备一定的聪明才智……勇气可嘉”。

罗杰·克雷格说“这是一项累人的战术”。他和拉纳迪夫坐在软件公司的会议室里，回顾他们的那个梦幻赛季。拉纳迪夫站在白色书写板边上，画图解释红杉队的紧逼战术。而克雷格则坐在桌旁。

“我的队员必须比其他球队的队员更强壮。”拉纳迪夫郑重其事地说道。

“他总是让她们不停跑步。”克雷格点了点头。

“事实上，我们就是按照打橄榄球的战术在打篮球。我要让她们跑起来，一直跑。在这么短的时间内，我没办法教她们技术，所以我们必须保证她们体格强健，对比赛有一个最基本的了解。在比赛中，态度是很重要的，因为你总是会累的。”

拉纳迪夫说“累”的时候特意加强了语调。他父亲是一名飞行员，因为不断挑战印度国家飞机安全问题而被政府抓进了监狱。拉纳迪夫看到了关于麻省理工学院的一份材料后，决定去那里念书。他认为那是最适合他的地方。那是20世纪70年代。出国上大学需要的外汇必须由印度政府核准发放。拉纳迪夫就驻扎在印度储备银行的办公地点外面，直到他最终拿到钱。拉纳迪夫身形修长，骨瘦如柴。他走起路来有气无力的，脸上呈现一种冷静的神色。但请别把冷静和冷漠混为一谈。拉纳迪夫这种人是十分坚韧的。

他转向克雷格：“我们的口号是？”

两个大男人思索了一会儿，异口同声而又兴奋地喊道：“一、二、三，态度！”

整个红杉队的基本哲学就是他们愿意比别人付出更多的努力。

“有一次，队里来了新球员，”拉纳迪夫说，“我把第一次训练的话又说了一遍，‘这就是我们要做的’，我边说边做示范。我告诉她们，‘比赛讲的就是态度’。我很担心新来的一个女孩子，我怕她不明白什么是态度。我们在加油打气的时候，她摇了摇头说‘不，不，不是“一、二、三，态度！”而是“一、二、三，态度，哈！”’。”拉纳迪夫和克雷格听到后不禁大笑起来。

4

1971 年 1 月，福特汉姆大学公羊队和马萨诸塞大学红人队进行了一场篮球比赛。比赛在艾摩斯特市的传奇体育馆“鸟笼”（Cage）举行。自 1969 年 12 月以来，马萨诸塞大学红人队就不曾在这里输掉一场比赛。他们曾创下 11：1 的优胜纪录。红人队的明星球员非“J 博士”朱利叶斯·欧文（Julius Erving）莫属，他是篮球运动史上最伟大的球员之一。马萨诸塞大学红人队的队员都非常棒，福特汉姆大学公羊队里却是一群来自布朗克斯和布鲁克林地区的好斗的年轻人。在第一周训练的时候，他们的中锋的膝盖韧带撕裂，退出了比赛。这意味着只有约 1.93 米的球员成了全队最高的。他们的首发前锋——通常身高应该和中锋差不多——查理·耶尔弗顿（Charlie Yelverton），身高只有约 1.85 米。比赛哨声吹响后，公羊队就开始实行全场紧逼战术，丝毫没有放松。“我们以 13：6 领先，但接下来仍需继续努力。”时任福特汉姆大学公羊队教练的迪格·菲尔普斯（Digger Phelps）回忆道，“这些城里的孩子身体很棒。于是我们就带着对方满场跑。要知道，一个篮球场足足有 94 英尺长。我们知道，对方迟早会败下阵来。”菲尔普斯把一个又一个孩子派上场，防守欧文。这些孩子或来自爱尔兰家庭，或来自意大利裔家族，都有一股百折不挠的劲头。这些百折不挠的孩子一个个因犯规而被罚下场。他们中没有一个人球打得比欧文好。这不重要。最终，福特汉姆大学公羊队以 87：79 的比分赢得了比赛。

在篮球史上，有无数类似的传奇比赛。在这些比赛中，“大卫”采用全场紧逼战术打败了“歌利亚”。奇怪的是，全场紧逼战术并没有因此而流行起来。迪格·菲尔普斯领导球队战胜马萨诸塞大学队之后的一个赛季，他做了些什么？他再也没有使用过全场紧逼战术。而马萨诸塞大学队的教练杰克·利曼（Jack Leaman），他的球队在自己的体育馆被一群街头男孩儿打败之后，他是否从失败中吸取教训，在下次他带领一支弱旅的时候也使用全场紧逼战术？没有。在篮球运动中，很多人都不相信紧逼战术，因为这种战术并不完美：一支训练有素、拥有技巧娴熟的控球员和机智敏捷的传球员的队伍就能破解这种战术了。拉纳迪夫也这么认为。对手如果想要打败红杉队，那么就必须对她们也实行全场紧逼战术。红杉队的女孩儿的技术不够好，对此战术还无法应对。然而，这些都不是最重要的。如果拉纳迪夫带领的女孩儿和福特汉姆大学队的街头男孩儿都以惯常的方式来打比赛，那么他们有可能会落后对方 30 分。采用紧逼战术是“大卫”打败“歌利亚”的最好机会。从逻辑上来说，每一支弱队都应该采取这个战术，对吧？那他们为何不这么做呢？

阿雷金·托夫特也遇到了同样的困惑。当一个弱者像大卫那样战斗的时候，他往往会获胜。但在大多数情况下，弱者却未能像大卫那样战斗。在阿雷金·托夫特建立的数据库中，有202场双方实力悬殊的对抗。在其中152场对抗中，弱势一方采用的都是和歌利亚面对面决斗的方式，其中有119场以失败告终。1809年，秘鲁人与西班牙人硬碰硬，失败了；1816年，格鲁吉亚人与俄国人硬碰硬，失败了；1817年，宾德人与英国人硬碰硬，失败了；1817年在康提叛乱中，斯里兰卡人与英国人硬碰硬，失败了；1823年，缅甸人与英国人硬碰硬，失败了。类似的例子数不胜数。20世纪40年代，越南共产党叛乱令法国人苦恼不已；而在1951年，越盟①的战略家武元甲转而与法军进行常规战争，最终遭遇了一连串的失败。乔治·华盛顿在指挥美国独立战争时放弃了在战争初期采用的颇为有效的游击战术。威廉·波尔克（William Polk）在讨论非常规战争的《暴力政治》（*Violent Politics*）一书中写道："他尽可能快地集中精力创建了一支英国式的军队——大陆阵线。结果，他一次又一次地失败了，差点儿输掉了整场战争。"[3]

单看这些事件毫无意义，只有联想到劳伦斯军队横穿沙漠到达亚喀巴的例子，你才能看到这些事件背后的意义。让士兵穿着光鲜亮丽的军服，随着军乐、按着节奏行进，比让他们骑着骆驼在有大批蛇出没的沙漠里行走600英里容易多了；每得一分就撤回自己的半场享受满足的快感，放松自己的心情，也就是打一场有节奏的比赛，比一堆

① 越盟（Viet Minh），即越南独立同盟会。——译者注

人挤在一起，拼命甩动手臂，在篮球场的每一寸场地争个你死我活容易多了。弱者的策略是艰难的策略。

马萨诸塞大学队有一个身材瘦小的名叫里克·皮蒂诺（Rick Pitino）的后卫，他似乎是唯一一个从福特汉姆大学和马萨诸塞大学这场著名比赛中吸取教训的人。他那天没有上场比赛。他睁大双眼坐在场边观看比赛。一直到现在，尽管已经过去40年，他仍能说出福特汉姆大学队每个球员的名字：耶尔弗顿、沙利文（Sullivan）、马伊诺（Mainor）、查尔斯（Charles）、赞贝蒂（Zambetti）。“他们使用的全场紧逼战术太不可思议了！我从来没有见过这样的球队！”皮蒂诺说，“5个队员，身高只有1.8~1.93米。他们太有耐力，太能跑了，令人难以置信。我从中学到了许多。对方根本不可能打败我们。从来没有一支球队可以在‘鸟笼’体育馆打败我们。”

1978年，皮蒂诺成为波士顿大学篮球队的主教练，时年25岁。他使用全场紧逼战术，带领球队获得了建队24年来的第一个全美大学运动联合会篮球联赛（简称“全美篮球联赛”）冠军。之后，他又成为普维敦斯学院篮球队的主教练。该校篮球队在皮蒂诺来的上一年的比赛中以11∶20的比分落败。球队的队员身材矮小，几乎没有打篮球的天赋——完全就是翻版的福特汉姆大学公羊队。在场上他们依旧紧逼对手，只差一场比赛就能参加全美冠军赛。就这样，皮蒂诺在他的职业生涯中，带领那些并没有太多天赋的球员，打出了一场又一场非同寻常的比赛。

“每年都有很多教练来跟我学习紧逼战术。”皮蒂诺说道。他现在是路易斯维尔大学篮球队的主教练。路易斯维尔大学也因此成为另一个“麦加”（Mecca），“大卫们”都来这里学习该怎么打败“歌利亚们”。“他们发邮件给我，告诉我说他们没办法取胜，他们不知道自己的球员是否可以坚持到最后。”皮蒂诺摇了摇头。“我们每天训练两个小时，”他接着说，“练习过程中的98%的时间球员都在球场上，我们交流的时间很少。当我们需要纠正一些动作时”——皮蒂诺和他的助理教练们停下来指导球员时——“只需要7秒钟，这样队员们的心率就不会一下子降低。我们总是在运动。”7秒！那些来到路易斯维尔大学的教练坐在看台上，看着一刻也不停息的训练过程，心里骤然感到很绝望。想以大卫的规则展开战斗？那你必须得经历这一绝望过程。你要有足够的劣势，以至于你别无选择。而那些教练的球队并没有糟糕到这个地步，所以大卫的规则对他们不起作用。他们也无法说服球员去打如此卖力的比赛。他们还不够绝望。但是拉纳迪夫呢？是的，他绝望极了。你也许会想，看看他队里的那些女孩儿，她们最大的缺点就在于她们完全不懂得传球、运球、投篮。事实上，这并不是缺点，对吗？正是因为这个缺点，才让她们的获胜战术有了成功的可能。

5

红杉队开始赢得比赛的那一刻会出现一系列状况，状况之一就是对方教练会因此动怒。他们觉得红杉队让比赛变得不公平——对那些才刚刚理解比赛意义的12岁的孩子实行全场紧逼战术并不妥当。他们认为青少年篮球运动的重点在于学习打球技术。他们认为拉纳迪夫的队员们并不是真的在打篮球。当然，你也能用某些理由轻松地反驳这种观点，比如12岁的孩子可以从紧逼战术中学到更多有价值的东西——努力可以战胜能力，规则是可以被挑战的。然而，那些看到红杉队取得压倒性分数的对方教练则拒绝接受这种哲学式的安慰。

“有个人试图在停车场里与我打架，”拉纳迪夫说，“他长得高大威猛，一看就是玩橄榄球和篮球的。在比赛中，他被瘦小的外国人打败了，所以他想痛打我一顿。”

罗杰·克雷格还说，有时候他看到的一些情形令他震惊不已。“其他队的教练对着他们的队员咆哮大吼，还羞辱她们。他们还对裁判大喊：‘这是犯规！犯规！’但我们并没有犯规。我们只是防守得比较积极而已。”

“有一次我们和东圣荷塞的一支篮球队打比赛，”拉纳迪夫说，“她们打比赛已经有一些年头了。那些女孩儿天生就是打篮球的料。但我们仍取得了压倒性的胜利，成绩好像是20：0。我们根本没有给她们发球的机会。她们的教练气疯了，拿起椅子就扔了出去。他对着自己的队员大吼。你知道的，你越吼她们，她们就越紧张。”拉纳迪夫摇了摇头。你永远也不应该提高嗓门。“最后，裁判把那个教练赶出了球场。这让我心里感到害怕。我想他之所以无法忍受，是因为他明知我们拥有金色头发的女队员实力不济，却只能眼睁睁地看着自己的队员被打败。”

理想的篮球队员的特质是优异的运动表现和精准的动作完成能力。在比赛中，如果努力重于能力，那么比赛过程将完全被改变：比赛节奏混乱，手脚四处甩动，有能力的队员常常会觉得恐慌，甚至会把球扔出界。只有篮球运动的局外人——比如刚参加比赛的菜鸟，或者一直坐在替补席上的、来自纽约的瘦小男孩儿——才会有足够的勇气这样打比赛。

T. E. 劳伦斯之所以能成功，是因为他的行为跟英国军官的行为相差千里。他并不是英国顶尖军事学院的毕业生。他是一名考古学家，以写散文为生。他去见高级军事长官时穿的是凉鞋，他穿的衣服完全是贝都因风格。他的阿拉伯语讲得很流利，如母语一般。他手牵骆驼，仿佛他一生就只骑过这么一匹骆驼。他不在意军队里的人怎么看待他手下的这群“乌合之众”，因为他本身就与这些军队没什么关系。于是，“大卫”诞生了。他本应知道和非利士的战争是要依照旧例展开，充满刀光剑影的，但他是一个牧羊人（在古代，牧羊人被看作最低贱的职业之一），他对那些军事传统一无所知。

我们花了很多时间思考声望、丰富的资源和作为精英机构的一员是如何让我们变得更好的，但却没有花足够的时间思考类似的优势是如何限制我们的选择的。维威克·拉纳迪夫以局外人的视角来看待事情，却受到对方球员父母和教练的大力批评。面对这类批评，大部分人都会退缩，而拉纳迪夫不会。“就是凑巧而已。我父亲从来没有打过篮球。”为什么他要在意篮球领域的人对他的看法？拉纳迪夫训练的是一群没有某种运动天赋的小女孩儿，他本人也对这种运动一无所知。他是一个弱者，一个不合时宜的人，但他也因此可以尝试做那些别人从来没想到的事情。

6

在全美篮球联赛中，红杉队的女孩儿赢得了前两场。在第三场比赛中，她们的对手是来自奥兰治县的一支篮球队。红杉队只能在对方的主场打比赛，对手甚至还要求使用自己的裁判。比赛从早上 8 点开始。为了避免交通拥堵，红杉队的队员们早上 6 点就从酒店出发了。从那之后，红杉队就开始走下坡路了。裁判并不相信什么“一、二、三，态度，哈！”的哲学。在他看来，界外球就应该传给队友，阻碍这种传球过程的行为并不是真正的篮球运动。于是他吹了一次又一次的犯规哨。

“他们一直在吹犯规哨。”克雷格说。一个动作吹了多次犯规哨。这是一段惨痛的记忆。

“我的队员们不明白，”拉纳迪夫说，“裁判给我们吹的犯规次数是对方的四倍。”

“人们嘘声一片。”克雷格说，“情况很糟糕。”

“吹犯规哨的比例为 2 ： 1 是可以理解的，但是 4：1 会不会太夸张了？”拉纳迪夫摇了摇头。

“一名队员被罚下场。”

“我们并没有因此受到打击。我们还是有机会赢的。但是……”

拉纳迪夫取消了紧逼战术。他不得不这样做。红杉队的队员们退到自己的半场，消极地看着对方带着球攻入她们的场地。红杉队的队员没有再像之前那样跑动。她们在每个持球回合间也会停顿、休息。她们以他人期待的方式打着篮球比赛，最后她们输了。但是，她们已经证明，歌利亚并不像人们想象的那样强大。

2

边际效益递减：最佳班级人数

更多并不意味着更好。

1

谢波山谷初中是为应对生育高峰而创办的。每天早上，校车都得接 300 名学生上学。学校入口设有两个大门，这样可以避免人流过度集中；学校内的走廊就跟高速公路一样，人流熙熙攘攘。

但这是很早以前的情况了。生育高峰早已过去。位于康涅狄格州的谢波地区颇具田园风情，到处可见迷人的殖民地时代风格的村庄和蜿蜒曲折的乡村小道。纽约城富裕的夫妇们独具慧眼，发现了这个地方。于是这里的房价一直在往上涨。年轻一点儿的夫妻因此负担不起在这里的生活费用。学校的学生人数骤然减少到 245 名，紧接着又减少到 200 名。2013 年，六年级只有 80 名学生。学校的学生主要来自地区小学。根据这个数据进行计算的话，学生数量之后很可能会再减少一半，也就是说，学校班级的平均人数会低于国家平均水平。一所曾经拥挤不堪的学校因此变成了一所学生人数稀少的私人学校。

如果是你，你会将你的孩子送到谢波山谷初中吗？

2

维威克·拉纳迪夫和红杉队的故事暗示着这样一种观点：我们通常认为的优势和劣势并不总是对的，有时候我们会混淆两者。在本章和下一章，我要提出的是两个看似简单的教育问题。我说“看似”，是因为它们看起来简单，然而等我们深究之后会发现它们一点儿也不简单。

谢波山谷初中便是两个看似简单的问题之一。我猜你一定很乐意把孩子送进这种学生很少的学校。世界上任何一个地方的父母和政策制定者都认为，人数更少的班级可以保证学生们获得更好的教育。在过去的十几年里，美国、英国、荷兰、加拿大、新加坡、韩国和中国——仅仅列举其中一些国家——都采取了大刀阔斧的改革，缩小班级规模，减少学生人数。加州州长宣布实行全面的缩小班级规模计划后，其州人口在三周内增加了一倍。在一个月内，又有20个地方政府相继宣布实行此类计划；而在一个半月内，美国白宫也宣布了缩小班级规模计划。到2013年，77%的美国人认为使用纳税人的钱去缩小班级规模比提高教师工资来得有意义。你知道这77%的美国人同意的班级人数少到什么程度吗？

过去，谢波山谷初中的一个班级有25名学生，现在只有15名。这就意味着老师对学生个人的关注比以前多了。常识告诉我们，学生得到的关注越多，其学习表现会越好。也就是说，在这个全新的谢波山谷初中上学的孩子应该比以前那些在拥挤的老谢波山谷初中上学的学生表现更好，对吧？

有一个特别简单的方法可以辨别以上推论的真假。康涅狄格州有许多和谢波山谷初中一样的学校。这是一个由许多小镇组成的州，小镇里又有许多规模较小的小学。影响小镇小学规模的因素：衰退的自然环境、变动的生育率及房地产价格。这就意味着学校里的一个年级在今年可能没有多少学生，而在下一年则有可能出现学生爆满的情况。下面是康涅狄格州另一所初中五年级的学生人数：

1993 年 18 名	2000 年 21 名
1994 年 11 名	2001 年 23 名
1995 年 17 名	2002 年 10 名
1996 年 14 名	2003 年 18 名
1997 年 13 名	2004 年 21 名
1998 年 16 名	2005 年 18 名
1999 年 15 名	

2001 年，五年级有 23 名学生。而 2002 年只有 10 名学生！在 2001 年和 2002 年，学校里的各方面都保持一致——老师、教学方针、练习册都不变。学校还在那个小镇上，教学楼也还是那些教学楼。地区经济状况和地区人口也都保持不变。唯一变化的只有五年级学生人数。假设在注册人数多的那年入学的学生的成绩比在注册人数少的那年入学的学生的成绩好，我们是不是就可以认为学习好坏与班级规模有关？

这就是所谓的“自然实验”。有时候，科学家也会做一些形式实验，来测试某种假设的真假。只有在极少数情况下，现实世界可以提供测试同一个理论的自然方法。而自然实验的优点比形式实验多。所以，如果你采用康涅狄格州的自然实验，并且将班级人数少的学生每年的成绩与连续多年和许多孩子在一起学习的学生的成绩进行对比，会得出什么结论？经济学家卡洛琳·霍克斯比（Caroline Hoxby）就做了这项研究。她分析了康涅狄格州每所小学学生的成绩，结果她没有发现任何不同！“有许多学者说，他们并没有看到策略变化在统计学上引起任何显著差异。”霍克斯比说，“也不是说没有差异，就是他们没办法在数据中找到这种差异。通过这项研究，我发现经精确评估的估算值徘徊在 0 上下。而我得到的确切数值是 0。换句话说，就是没有差异。”

当然，这仅仅是一项研究而已。这些年人们做了几百项与班级规模相关的研究，就算你把这些研究全部看完，你也不会得到更清晰明确的答案。15% 的人察觉到统计学上的显著差异，证明学生在小班里学得更好。但也有大约 15% 的人认为学生在小班里学得更差。20% 的人，如霍克斯比，认为两者没有差异。其他人则认为两者或多或少存在差异，只不过其差异不明显，因此也就没能产生任何有实质意义的结果。典型的班级规模研究的结论如下：

> 在澳大利亚、中国香港、苏格兰和美国这四个国家和地区，我们的辨识策略导致出现了极不确切的估计量。从该估计量中我们无法得出有关班级规模影响的确切结论。在希腊和冰岛这两个国家，缩小班级规模似乎带来了一些重要且有益的影响。法国似乎是唯一一个在数学和科学教学方面有显著差异的国家：在数学教学方面，存在统计学层面的显著的班级规模效应；在科学教学方面，则没有所谓的班级规模效应。在我们的研究中，有 9 所学

校在数学和科学教学方面均没有产生大班规模效应：两所比利时学校，加拿大、捷克、韩国、葡萄牙、罗马尼亚、斯洛文尼亚、西班牙学校各一所。另外，日本和新加坡的学校的班级规模对学生成绩并无任何显著影响。

你发现了没有？在列出了数千页从 18 个不同国家和地区研究得出的学生成绩数据后，经济学家们最终得出一个结论：世界上只有两个国家——希腊和冰岛——通过“缩小班级规模带来了一些重要且有益的影响”。希腊和冰岛？美国的缩小班级规模政策最终导致一系列结果，如在 1996—2004 年，美国招聘了 25 万名新教师。在同一时期，美国的教育经费增加了 21%，增加的数百亿美元几乎都用在雇用新教师上了。保守来说，在过去二十多年的时间里，世界上没有一个职业像教师这样，增加的人数如此之多，速度如此之快，花费如此之高。许多国家都相继花了这笔钱。因为当我们看到像谢波山谷初中这样的学校（每个老师都有机会去了解每个学生）时，我们会想“我们把孩子送对地方了”。但是研究表明，我们所认为的优势并没有那么大。①

3

不久前，好莱坞最有权力的人坐下来和我娓娓而谈。他跟我讲起

① 经济学家埃里克·汉纳谢克（Eric Hanushek）完成了数百份班级规模研究的结果分析。汉纳谢克说：“在研究学校各方面因素时，人们研究最多的大概就是班级规模吧。这类研究工作持续了多年，然而我们依然没有理由相信班级规模与学习好坏有联系。”[1]

他自己在明尼阿波利斯市度过的童年。他说每年冬天刚开始的时候，他都会走访街坊邻居，希望人们能够请他给他们的车道、人行道扫雪。当他得到清理工作后，他会把工作包给附近的小朋友。扫雪完毕后，他会给“小工人”付工资。他会先付工资，再挨家挨户去收钱。他知道这么做一定可以让“工人们”卖力工作。有时候他的“工人”有八九个。秋天的时候，他则推出扫落叶服务。

“我会去检查他们的工作，这样我才能跟顾客说车道已经按照他们的要求清理干净了。”他一边回忆一边说道，“总会有一两个孩子做不好，于是我就把他们解雇了。”当时他只有10岁。11岁的时候，他在银行里已经有600美元存款了，这都是他自己赚来的。那是20世纪50年代，600美元相当于现在（2013年）的5 000美元。“我没有钱，所以没办法去我想去的地方。”他耸了耸肩，仿佛一个11岁的孩子就应该知道他要去哪里一样。“任何一个傻瓜都懂得花钱。但并不是每个傻瓜都懂得赚钱、攒钱、延迟满足感，你要学会以另一种方式定义它们的价值。”

他住在所谓的“混合社区”，读的是公立学校，穿的是别人穿过的衣服。他父亲经历过经济大萧条，所以总把“钱”字挂在嘴边。这个好莱坞男人说如果他向父亲要某种东西的话，比如一双新的跑鞋或一辆自行车，父亲就会让他自己出一半的钱。如果他没有关灯，父亲就会把电费账单拿给他看。“他说：‘看，这是我们缴的电费。你因为懒而没有关灯，结果我们现在要为你的懒惰付出代价。如果你开灯是为了工作的话，一天24小时开着都没有问题。’”

16岁那年夏天，他到父亲的废金属厂去打工，干的是重体力活儿。

他的待遇与其他人的没什么两样。“我因此不想住在明尼阿波利斯了，”他说，“我也不想再为我父亲工作了。太糟了。环境很差，工作又苦。我得把那些废金属都装进枪筒里。我身上的灰尘怎么擦都擦不干净。回过头来想想，我父亲之所以肯让我去他那里工作，是因为他知道我去了之后一定会想逃跑的。这样能够激发我做其他事的欲望。”

大学期间，他自己开了一家洗衣店，专门为有钱的同学干洗衣服。他还组织学生包机去欧洲。他和朋友一起去看篮球赛时坐的是很差的位置，光线被柱子挡住了，晦暗不堪。当时他就在想，他要是可以坐在场边的贵宾席就好了。他去纽约的商学院和法学院上课。为了省钱，他住在布鲁克林一个条件很差的街区里。毕业之后，他在好莱坞找了一份工作。他的工作做得越来越好，地位越来越显赫，他可以自己进行交易，可以领取各种奖金。他取得了卓越的成就，所以他才能买得起比弗利山庄那套跟飞机棚差不多大的房子，才能拥有自己的喷气式飞机，才会有一辆停在自己车库里的法拉利。房子大门前面是一条似乎看不到尽头的车道，让人感觉他的房子很像欧洲的中世纪城堡。他懂钱。他之所以懂钱，是因为他相信自己在明尼阿波利斯街上的时候，就已经大概理解钱的价值和功能了。

“我希望拥有更多的自由。我想要追求不同的东西。钱是一种手段，我可以用它来追求我想要的东西，实现我的愿望，推动我前进。”他说，“没有人教过我这些东西，是我自己学的，就像是一种反复实验吧。我喜欢这种感觉。我在这类实验中获得了自尊，我觉得自己更能掌控自己的生活了。”

他坐在家中的办公室里。他说他的办公室就和大多数人的房子一样大，之后才进入正题。他有孩子，并且他很爱他们。他跟其他父亲一样，想要给孩子们提供更好的条件，让他们远比他现在拥有的多。但他却遇到了很大的困难。他成功了，他懂得金钱、工作、快乐和成就感来之不易，正是这些“来之不易”让他成为独一无二的自己。但就是因为他的成功，他的孩子们难以学到同样的教训。好莱坞富豪的孩子不会去替他们那些住在比弗利山庄的邻居清扫落叶。他们没有关灯的时候，他们的父亲也不会愤怒地把电费单拿给他们看。他们不会坐在柱子后面的位置观看篮球比赛，他们也不会去想象有一天他们坐在场边贵宾席上的情形，因为他们本来就坐在那里。

“我的直觉告诉我，在一个富足的家庭里养孩子比人们想象中的困难得多。”他说，“拮据的生活毁了人们。同样，富足的生活也毁了人们，因为他们失去了野心，失去了骄傲，也失去了自尊。处于一件事情的两个极端都很难。也许当人们处在中间的某个位置时，一切就都好办了。”

当人们听说某个千万富翁为自己的孩子的教育问题头疼的时候，几乎没有人会同情他。这毫无疑问。要知道，这个好莱坞男人的孩子可以住在最高档的房子里，去哪儿都可以坐“头等舱”。然而他说的并不是舒适的物质生活。他的名气完全是靠自己打拼出来的。他的一个哥哥继承了家族的废金属工厂，并且将工厂越做越大。他的另一个哥哥当了医生，在医学界享有盛誉。他父亲培养了三个有成就的儿子，他们有自己的目标，而且都靠自己取得了一定的成就。他要说的是，作为一个拥有数亿美元的富豪，他如果想跟生活在明尼阿波利斯混合社区的父亲一样培养出成功的孩子，他面临的困难则会更多。

4

这个来自好莱坞的男人并不是指出该问题的第一人。我想，我们当中的大部分人凭直觉就能想明白这个问题。引导我们思考父母教育和财富之间关系的一条重要原则就是：更多并不意味着更好。

如果你很穷，你很难成为一个好的父亲或母亲。这是显而易见的。贫困会耗尽人的心力，让人背负压力。如果你需要打两份工来维持收支平衡的话，那你晚上就几乎不会有时间给孩子讲睡前故事。如果你是一个有工作的单亲妈妈或爸爸，你要赚钱支付租金，买菜、买衣服，做的又是一份粗重的体力活儿，那你很难给孩子一个健康家庭所必需的爱、关怀和训导。

不过，也没有人会认为"你拥有更多的财富，就能做一个更好的爸爸或妈妈"这种推论总是正确的。如果让你画一幅曲线图来表现父母教育和财富之间的关系，你不会像图 2-1 这样画的。

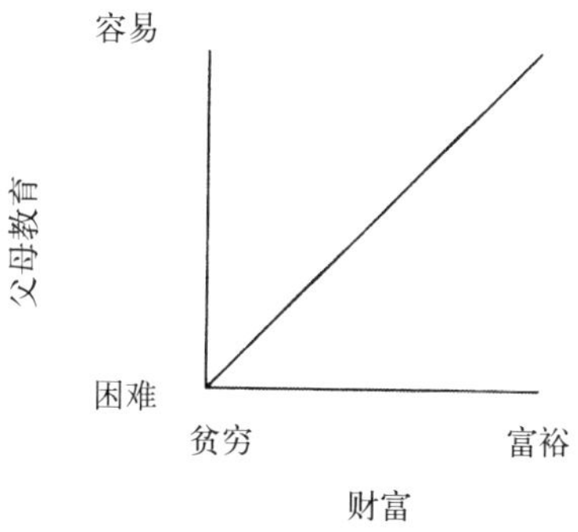

图 2-1　父母教育与财富之间的关系 1

财富可以让父母教育变得更容易。然而，当它到达某个点的时候，财富对父母教育也就没什么影响了。这个点是什么点？研究幸福感的学者指出，在一个年收入约为 7.5 万美元的家庭中，拥有更多的财富并不会带给他们更多的幸福感。此后，便会出现经济学家们所谓的“边际效益递减”现象。假如你家年收入为 7.5 万美元，而你的邻居家的收入为 10 万美元，他们可以用这多出来的 2.5 万美元买一辆更好的车，也可以更经常地出去吃饭。但这并不会让你的邻居变得比你更幸福，也不会因此让他们变成更好的父母。下面是一幅能更好体现出父母教育与财富关系的曲线图。

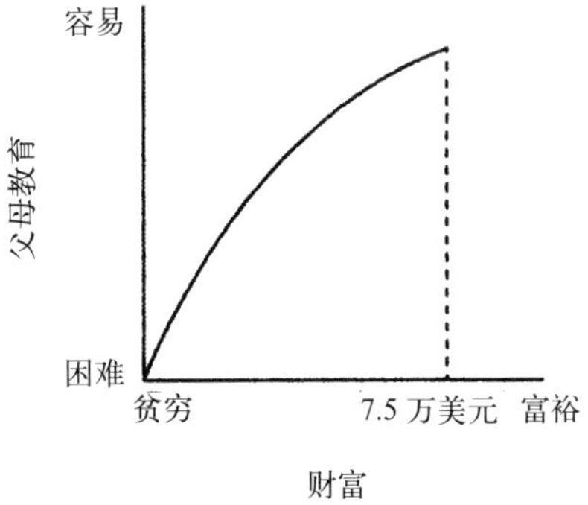

图 2-2　父母教育与财富之间的关系 2

但这个曲线图表现的只是其中一部分，对吧？因为当父母的收入足够高时，父母对子女的教育就又变难了。对于大多数人来说，我们成长的这个世界的价值与我们给孩子创造的那个世界的价值没什么不同。但对那些非常富有的人来说并非如此。心理学家詹姆斯·格鲁曼（James Grubman）使用了一个绝佳的短语“富裕的移民”来描述第一代富豪。他的意思是，他们所面对的与孩子相关的挑战和移民面对新国家的挑战是一样的。有些人，比如好莱坞的这位有权势的人，生活在中产阶级遍布的“老城区”，那里缺乏伟大的动员家和教师。然而他的父亲教他认识了钱，教他独立、努力工作。但他的下一代生活在富裕的新世界，这个世界的规则不同于以往，这个世界更令人感到困惑。这些孩子只在意自己周围的世界，他们不需要努力工作、独立、认识钱的意义。在这种情况下，你要如何教会他们“努力工作、独立、认识钱的意义”？于是，世上便出现了许多描述在富裕环境培养孩子有多么困难的谚语。在英国，人们说“富不过三代”；在意大利，人们说“从马厩出来的明星终会回到马厩”；在西班牙，人们说“没有的时候拼命要去拥有，有的时候却拼命浪费”。财富本身就隐藏着自我毁灭的因子。

“父母必须设定限制。这对‘富裕的移民’来说是最困难的事情之一。因为他们不知道当无法以‘我们买不起’为借口拒绝孩子要求的时候该说什么。”格鲁曼说道，“他们不想谎称‘我们没有钱’。如果你的孩子已经是十几岁的大孩子，他会说：‘拜托，我才不信。你开着保时捷，妈妈开着玛莎拉蒂。’父母要学会从说‘我们买不起’转变成说‘我们不会买’。”

但格鲁曼承认，要让父母说“我们不会买”太难了。要让他们说“我们买不起”则简单多了。作为父母，你只需要偶尔说一两次这样的话就行。中产阶级家庭的孩子用不了多久就会知道，让爸爸妈妈给他买一匹小马是徒劳的，因为既然他们买不起，小马就不会凭空出现。

而告诉孩子“我们不会买”一匹小马则是一种对话过程，需要父母同时具备坦诚的态度与一定的表达能力，跟子女解释能做的事情并不总是对的。“我问过一些富有的父母，碰到这种情况他们会怎么做，他们表示不知道说什么好。”格鲁曼接着说，“我只能教他们说‘我能买那个给你，但我不会买，因为这不符合我们的价值观’。”说到这里，就需要你有自己的一套价值观了，而且你要知道该如何对孩子说出你的价值观，如何让孩子相信你的价值观。不管在什么情况下，任何一个人都很难做到这些。尤其当你的车库里停着一辆法拉利，拥有一架喷气式飞机，还在比弗利山庄拥有一套和飞机棚差不多大的房子的时候，那更是难上加难。

这个好莱坞男人太富有了。这也是他作为一个父亲的难题。他已经过了“钱能让事情变好”这一临界点，也过了“钱与一切都无关”这一临界点。他正处于这样一个临界点：钱让培养一个正常、能适应环境的孩子这件事变得更难了。这时候的父母教育曲线图应该是图2-3这样的。

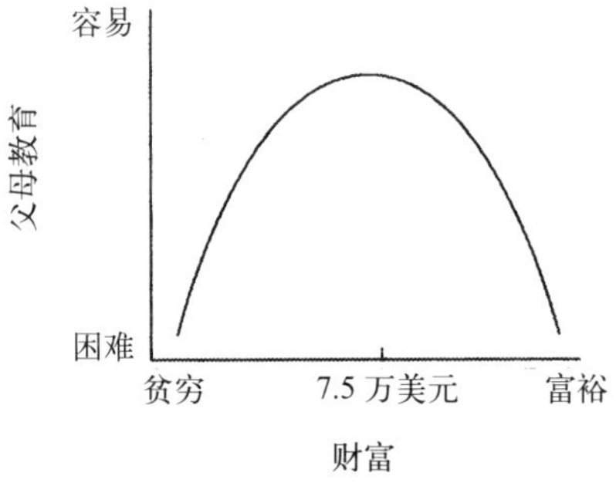

图 2-3　父母教育与财富之间的关系 3

这个曲线图就是所谓的“倒 U 形曲线图”。倒 U 形曲线图很难理解。它常常令人觉得出乎意料。我们经常会混淆优势和劣势的一个原因，是我们忘记自己身处 U 形世界了。①

这又把我们带回到班级规模的那个问题上了：如果班级规模与学习成绩的关系与图 2–4 不一样，那会发生什么？

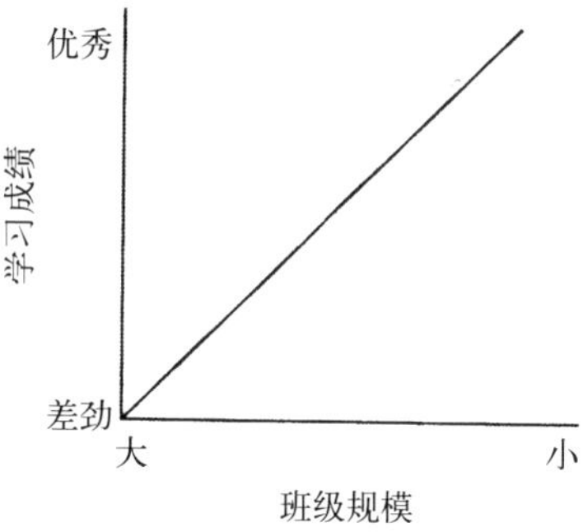

图 2–4　班级规模与学习成绩的关系 1

或者这样：

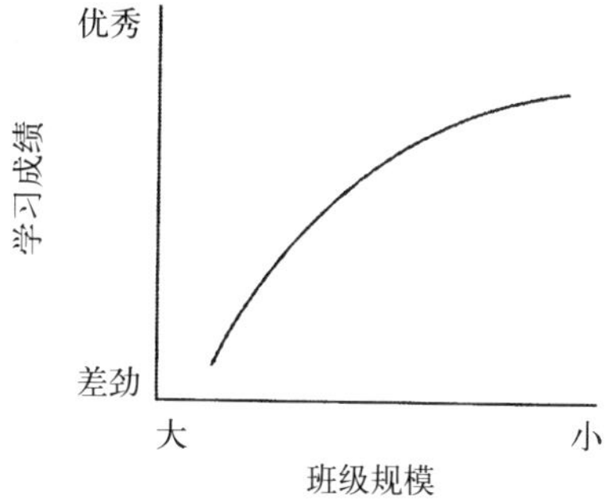

图 2–5　班级规模与学习成绩的关系 2

① 心理学家巴里·施瓦茨（Barry Schwartz）和亚当·格兰特（Adam Grant）在一篇优秀的文章中指出，几乎所有的结果都是随着倒 U 形发展的：“在心理学领域，人们发现 X 可以让 Y 增加到某个点，之后又会让 Y 变少……没有任何一件事情是完美的。那些高成本的积极措施、规定和实践，很可能已经开始对收益施加反作用。”[2]

如果是这样呢？

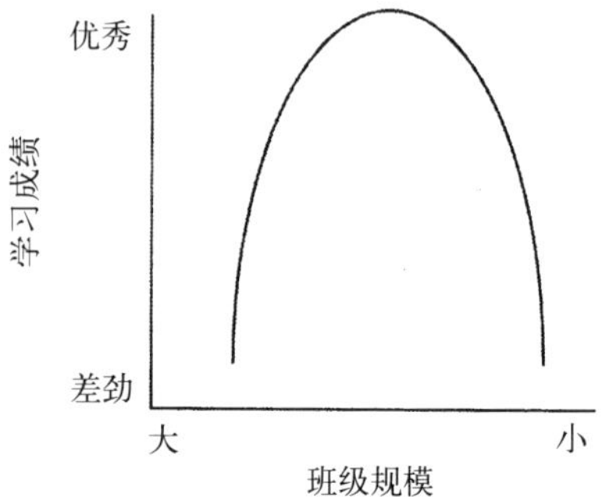

图 2-6　班级规模与学习成绩的关系 3

特里萨·德布里托是谢波山谷初中的校长。在学校任职的 5 年间，她目睹了学生人数一年比一年少的情形。对父母来说，这也许是一个好消息。她想到这个情形的时候，脑海里就会出现一幅最终的曲线图。“在几年的时间里，我们整个年级的学生将会少于 50 名。”她说。她害怕这种情形：“我们要开始应对难题了。”

5

倒 U 形曲线图包括三个部分，每个部分都有特定的逻辑。① 左半部分表明做得更多或者拥有更多的财富会让事情变得更好。平坦的中

① 我父亲是一名数学家，他对这些东西十分执着，他不同意我的说法。他说我总是把问题简单化。事实上，倒 U 形曲线图包括四个部分。第一部分为直线。在第二部分，“最初的直线慢慢弱化”。这是边际效益递减区域。在第三部分，多余的资源对结果并无影响。在第四部分，更多的资源会产生反作用。他写道：“这就跟我们盖房子一样，要盖一层楼，你就得先打地基。记住这个口诀‘打地基、铺砌石板、压平、沉降’。”

间部分则表示做得多并不能改变什么。右半部分表示做得更多或者拥有更多的财富会让事情变得更糟。①

如果你用这种模式去思考班级规模这个疑团，你会发现这些看似让人摸不着头脑的东西有点儿意义了。班级的学生人数就如同父母拥有的财富。班级规模对学生成绩的影响要视其处在曲线图上的位置而定。举个例子，以色列小学的班级一向人多。该国的教育系统采用的是“迈蒙尼德规则”（Maimonides Rule）——以12世纪的拉比命名，规定一个班的学生不应该超过40名。也就是说，一个小学班级可以有38名或者39名学生。如果一个年级有40名学生，那么一个学校可能会有两个只有20名学生的班级。假如你做霍克斯比式的分析，将拥有20名学生班级的学生成绩与人数较多班级的学生成绩做对比，结果会显示班级人数少的学生的成绩会比较好。这个结果并不出人意料。对于老师来说，三十六七个学生有点儿太多了，不好管理。以色列小学的情况就处于倒U形曲线图的左半部分。[4]

现在再想想康涅狄格州。在霍克斯比研究的学校中，大部分学校为中等规模（少于20人）班级和人数较多的班级。霍克斯比在研究中没有任何发现的意思是，在这个适中范围内她没有发现小班对学习成

① 体现酒精摄入和健康关系的倒U形曲线图是其中的经典例子。如果刚开始你一杯酒都不喝，后来发展到每周喝一杯，你的寿命会更长。如果你每周喝两杯酒，你的寿命会在这个基础上再延长一点点。每周喝3杯的话，你的寿命会再延长。一直到每周7杯都是如此。（这些数据只针对男性。）这是“上坡路”：喝得越多越健康。之后就是每周7~14杯。在这个范围内，喝更多的酒，并不会更有益健康，也不会伤害你的身体。这是曲线图的中间部分。最后则是曲线图的右半部分：“下坡路”。如果你每周喝酒超过14杯，那么喝得越多，你的寿命就越短。酒精本身并没有好坏之分：量少时是好的，适量时不好不坏，量大时则是有害的。[3]

绩有任何实质性的影响。换句话说，在以色列和美国康涅狄格州的学校班级规模之间的某个点上，班级规模的影响大约处于曲线图的中间平坦部分——学生人数的增加并不会让孩子们拥有更好的学习体验。

为什么25人的班级和18人的班级的区别这么小？对于老师来说，无疑后者更容易管理：要批改的作业更少，需要了解和跟进的学生也更少。只有老师在负担更小的情况下改变教学风格，小规模班级才能让学生的成绩更好。而证据表明，处在适中范围时，老师必然不会做出这种改变。他们会选择更少的工作量。这是人的本性。试想一下，你是一名医生，你突然了解到你周五下午要看的病人是20个，而不是25个。而不管看多少病人，你的薪水都是一样的。那你会愿意多花一些时间在病人身上吗？还是你更愿意在6点半——而不是7点半——下班，以便回家陪孩子吃晚餐？

关键的问题出现了。如果一个班级的规模太小，又会怎样？会像父母太过富有那样带来反效果吗？我对美国和加拿大的许多老师进行了调查，问了他们这个问题，每个老师的回答都是“会的”。

以下是典型的回答：

> 我觉得一个班有18名学生是最好的，在这样的班级里，学生不会觉得自己被忽略，会感觉到自己在这个班级里的重要性。分组的时候也更方便，可以分成2组、3组、6组——这样他们可以同其他学生有不同程度的接触。而这样，我就可以去了解他们每一个人——如果我觉得有必要的话。要是一个班级有24名学生，我觉得也不错。这就多出来6名学生，因此他们之间也就

有了更多持不同意见的人，总会有一两个人去挑战现有的观点。24名学生在讨论问题时会像叽叽喳喳的观众，而不像一个团队。如果一个班级再多6名学生，也就是30名学生的话，学生的关系就会比较疏远。虽然有些老师特别擅长拉近学生的距离，但他们的招数并不是每次都能起作用。

还有其他的可能性吗？在最佳人数（18）的基础上减去6，也就是剩12，跟名画《最后的晚餐》（*Last Supper*）里的人数一样。问题出现了。12个人足够少了，刚好可以凑成一桌。但这样会让很多高中生过于亲密，他们也就不能在他们需要的时候保护他们的自主权。而这样也很容易产生夸夸其谈者，或者蛮横的小霸王——整个班级被他们统率而不把老师放在眼里。如果一个班级只有6名学生的话，就更缺少个体独立的空间，还会导致思想和经历的单一性，无法扩大因数量增多而产生的丰富性。

换句话说，对老师而言，小班教育潜在的难度和超大班教育潜在的难度差不多。在这种情况下，班级人数和管理之间潜在的相互作用便是一个难题。而在另一种情况下，潜在的相互作用的强度则会变成另一个难题。就像其他老师说的，一个班级人数太少的话，学生就会像“那些坐在汽车后排的小朋友，老师根本没有办法把他们分开”。

下面是另一位高中老师的看法。他最近带了一个32人的班级，他很讨厌这一点。“当我面对这么一大群学生的时候，我的第一个想法是‘该死，每次我要批改作业或者试卷时，我都要在学校里待上好几个小时，本来我可以用这些时间和我的孩子们相处的’。”不过他也不想带一个少于20人的班级：

班级氛围的活跃来源于学生的讨论。而这些讨论需要一定数量学生的参与。我现在带的这个班级，人太多了，他们的讨论不叫讨论，更像是起哄。而如果人数太少，又没有讨论的气氛。这听起来有些违反直觉。我本以为要让那些沉默寡言的孩子在一个有32人的班级中发言，他们会有些羞涩，而如果让他们在一个有16人的班级里发言则会容易得多。但我的经历告诉我，事实并非这样。沉默的孩子在任何场合都倾向于保持沉默。如果班级人数太少的话，看法也就会比较少，这样就不能真正推动讨论，也难以界定学生的思想水平。一个人数太少的班级会缺乏某种源于学生思想碰撞的精神活力。

如果是一个人数极少的班级呢？那就更要小心了。

我曾在法语学校带过一个十二年级的班级，班里只有9名学生。听起来像是一个美梦，对吧？但那其实是一个不折不扣的噩梦！你根本无法在课堂上推动任何使用法语的对话和讨论，也难以用游戏来增强学生对单词、语法及其他知识的记忆。这个班级没有一点儿学习动力。

经济学家杰西·列文（Jesse Levin）做了一些相关调查，这些调查很有趣。他的调查对象是荷兰的学生。他计算出了一个班级同龄孩子的人数，即拥有同等学习能力的学生人数，惊讶地发现同龄学生的人数对学习成绩有一定影响，对那些学习努力的学生的影响尤为明显。① 换言之，如果你是一名学生——尤其是一名差生的话，你需要的是周围的人都问同样的问题，克服同样的难题，担心同样的事情，这样你才不会觉得孤独，才会觉得自己更像一个正常人。

列文说真正的小规模班级的问题就出在这里。当教室里的学生太少时，孩子们接触一定数量、和他们相像的人的机会也就少了。列文还说，缩小班级规模“剥夺了同龄学生互相学习的机会”。[5]

你知道特里萨·德布里托为何如此担心谢波山谷初中吗？她是一所初中的校长，她教的孩子刚好处于向青春期过渡的艰难阶段。他们容易觉得尴尬，容易觉得难为情，他们会担心自己看起来太聪明。她说，让他们参与进来，而不仅仅是简单地回答老师的问题就像“拔牙”一样痛苦。她希望班级有这样的氛围：充满有趣而又各不相同的想法及激情。这种激情会在一定数量的学生努力解决同一个问题的过程中爆发出来。但在一个没有多少学生的教室里，如何能营造这种氛围？“一个班级的学生越多，”她接着说，“不同的意见也就越多。如果班级的同龄学生太少，他们就都不喜欢说话了。”假设有人在学校旁边那片起伏的草地上建造一个大型住宅小区，她也就不会那么不开心。

“最初，我在梅里登的一所初中教数学。”德布里托又说。和康涅狄格州的其他地区相比，梅里登是一个公民收入中等偏低的城市。“我带的人最多的班级有 29 名学生。”她说这是一项很繁重的工作，她要批改很多作业，还要回答很多学生的问题。“你真希望你的后脑勺也

---

① 例外情况是有严重行为偏差或者没有什么学习天赋的孩子。对那些有特殊需求的学生而言，倒 U 形曲线图并不能准确说明问题。

长着眼睛。当你和某个小组一起工作时，你要能知道周围发生的一切。你必须树立起自己的威信，因为班里的学生太多了，角落里总有一些人，他们讨论的东西完全跟他们应该讨论的东西不搭边儿。”

但她坦白地说，她喜欢教这个班级。这是她职业生涯中最美好的一年。那时，一个教十二三岁孩子的数学老师在特别努力地工作，她的教学工作让她觉得兴奋，29 个孩子也十分兴奋。“他们是一些会相互影响的同龄人。他们不会只和一个群体玩耍、交流。在这里，你有更多的机会丰富自己的阅历。真正的问题在于，你要如何让孩子们变得活泼，让他们过得充实，参与课程，这样他们才不会只是被动地接受一切。”

那她希望谢波山谷初中的每一个班级都有 29 名学生吗？当然不。德布里托知道她自己有些与众不同。大多数老师心目中的理想班级学生人数都少于 29 名。她的意思是，我们总是在小班级有什么好处这个问题上打转，而忽略了大班级会有什么好处。把自己的孩子和其他学生看成争夺老师注意力的竞争对手，而不是共同学习进步的好伙伴，这是一种很奇怪的教育理念吧？当德布里托回想起在梅里登教书的那一年时，她的眼睛里充满着向往之情。“我喜欢嘈杂声，我喜欢听到他们互动的声音。哦，这太有趣了。”

6

从谢波山谷出发，到达康涅狄格州雷克维尔镇只需半小时车程。这里有一所名叫霍奇基斯的学校。它是美国早期的寄宿制学校之一。该学校一年学费约 5 万美元。学校里有两个湖，两个曲棍球场，四个望远镜，一个高尔夫球场，还有 12 架钢琴。学校煞费苦心地指出，这所学校里的钢琴可不是普通钢琴，而是用钱能买到的最好的施坦威钢琴。[①]霍奇基斯是那种为了学生的教育不惜下血本的学校。该校的班级平均只有 12 名学生。这是特里萨·德布里托害怕的，却是霍奇基斯认为的最大的优势，开车沿路都可以看到相关的广告。这所学校的管理人员骄傲地宣称："我们的学习环境私密性强，互动性强，包容性强。"

为什么霍奇基斯这类学校要做这些明显会让学生成绩更糟糕的事情呢？答案只有一个：学校考虑的并不是学生。他们真正考虑的是学生的家长，这些家长看中的是高尔夫球场、施坦威钢琴、小班教育这类值得花 5 万美元的设施和理念。更准确地说，是霍奇基斯掉入了富人、贵族学校和富裕国家的陷阱，这些都是"歌利亚"容易掉入的陷阱：学校认为这些可以用金钱购买的东西能够转变成现实世界的优势。但它们不会。这就是倒 U 形曲线图给我们的教训。比你的对手强大是一件好事。而当你太强大的时候，这就不是什么好事了。面对以时速 150 英里投掷过来的石块，你就成了一只呆鹅。歌利亚没有得到他想要的东西，是因为他太强大了。那个好莱坞男人没能成为符合自己期待的父亲，是因为他太有钱了。霍奇基斯没能成为它想要成为的那种学校，是因为它的班级人数太少了。我们总认为，做一个更强大、更富有的人才能让我们获得最佳利益。而维威克·拉纳迪夫，那个叫大卫的牧童，还有谢波山谷初中的校长则会告诉你，事实并非如此。

---

① 霍奇基斯的网站上称该校只有 12 架施坦威钢琴，但学校的音乐主任却在其他地方说他们共有 20 架钢琴，其中包括一架法奇奥里（该品牌被誉为钢琴中的劳斯莱斯）。这些钢琴的价值超过 100 万美元。如果你去霍奇基斯的琴房练习"快速曲调"的话，你会发现你弹出来的声音非常好听。

3

大鱼小池塘效应：印象派的抉择

在某些时间、地点，做一只小池塘的大鱼比做一只大池塘的小鱼好。

1

150 年前，巴黎是艺术世界的中心。每天晚上，都会有一个画家团体在巴蒂尼奥勒附近的盖尔波瓦咖啡馆聚会。这个小团体的领导人是爱德华 · 马奈。他是团体里年纪最大、最著名的成员之一。当时他 30 岁出头，长相俊美，热衷于社交，穿着时尚。他活力四射、风趣幽默，周围的人都为他着迷。马奈的好友是埃德加 · 德加。他是少数几个可与马奈媲美的画家之一。他们两个人都易怒，且牙尖嘴利，时而会进行一些激烈的争论。保罗 · 塞尚是个脾气不怎么好的高个子，总是忧郁地坐在角落里，穿着背带裤。“我就不同你握手了吧，”一次落座之前，塞尚对马奈说道，“我已经 8 天没洗手了。”克劳德 · 莫奈则十分固执，个性很强。他是食品杂货商的儿子，没接受过什么教育。他最好的朋友是人称“随和顽童”的皮埃尔–奥古斯特 · 雷诺阿。在他们交好期间，雷诺阿画了 11 幅莫奈的肖像。这个团体的精神领袖是卡米耶 · 毕沙罗，他是一个非常明智、忠诚且原则性强的人。就连脾气最差、最冷漠的塞尚都喜欢毕沙罗，几年后，他还自称是“毕沙罗的学生塞尚”。

这群卓越的画家后来一起创造了一个现代艺术流派——印象派。他们互为模特，以精神或者物质的方式为彼此提供支持。今天，你可以在世界各大博物馆里看到他们的画。但在19世纪60年代，他们陷入了困境。莫奈破产了。有一次，雷诺阿给莫奈带了一些面包，他才不至于饿死。不过，雷诺阿的情况也没好到哪里去。他要寄信，但是没有钱买邮票。当时，没有商人对他们的画作感兴趣。艺术评论家——在19世纪60年代，巴黎只有一小撮艺术评论家——提到印象派的时候，大多是在贬低他们。在昏暗的盖尔波瓦咖啡馆里，马奈和他的朋友们坐在快要散架的金属制成的椅子上，靠着大理石台面的桌子，边吃边聊。他们谈论着政治、文学、艺术。当然，他们谈论最多的是他们的画家生涯。当时的印象派画家都面临着一个关键问题：巴黎秋季艺术沙龙就快开始了，他们应该画些什么呢？

艺术在19世纪的法国人的文化生活中扮演着一个极为重要的角色。当时的绘画由一个叫皇家内阁和美术部的政府部门管理，画家画画与现在的医生治病和律师打官司一样，被视为一种职业。一个画家想要有前途的话，就应该先进入巴黎国立高等美术学院学习，接受正规和严格的教育。先临摹画作，再学习画模型。教育的每一个阶段都有竞赛。那些画得不好的人会被淘汰，画得好的人则能赢取奖项和奖金。绘画的顶级殿堂就是巴黎秋季艺术沙龙，这是全欧洲最盛大的艺术展会。

每年，法国的画家都会选取两三幅最好的帆布画送到巴黎秋季艺术沙龙评审委员会。截止日期是4月1日。来自世界各地的艺术家拉着载有帆布画的手推车穿过巴黎的街道，将他们的作品送到工业宫。工业宫是巴黎世博会的展馆，位于香榭丽舍大道和塞纳河之间。在接下来的几周里，评审会轮流给画作投票。那些没通过评审的画作会被贴上红色的“R”标志，意思是“淘汰”（rejected）。通过的画作会被悬挂在工业宫的墙上。在6周的时间里（从5月初开始），约有100万人来参观展会，他们争相挤在最著名画家的作品前欣赏，讽刺那些他们不喜欢的画作。最好的画作可以获得奖章。优胜者会因此出名，他们作品的价值也会水涨船高。而输的人只能悻悻而归，继续努力。

“在巴黎，懂得欣赏那些没有获得巴黎秋季艺术沙龙认可作品的艺术爱好者不超过15人。”雷诺阿说，“而不会买那些没有获得认可的作品的有8万人。”雷诺阿急切地想要获得巴黎秋季艺术沙龙的认可。有一年，评审还在审议的时候，雷诺阿便跑到工业宫，在外面苦等，希望可以早点儿知道他的作品是否入选。之后他又觉得不好意思，就说自己是雷诺阿的朋友。盖尔波瓦咖啡馆的另一个常客弗雷德里克·巴齐耶坦言：“我十分害怕被拒绝。”画家儒勒·霍尔扎菲因为没能入选1866年的巴黎秋季艺术沙龙而朝自己的头部开了一枪。“评审委员会拒绝了我，所以我是没有才华的，”他在遗书中写道，“我必须得死。”对19世纪的法国画家来说，巴黎秋季艺术沙龙就是一切。该艺术展对印象派画家之所以如此重要，是因为他们就生活在那样一个时代，同时也因为他们曾被巴黎秋季艺术沙龙拒之门外。

巴黎秋季艺术沙龙的评审标准十分传统。“他们选的都是那些异常精确的作品，‘收笔’恰当，结构正式，比例合适，等等。简而言之，必须符合一切常见的艺术惯例。”艺术史学家休罗（Sue Roe）写道，“光明表示画作充满戏剧意味，黑暗则表示庄重。在叙事画中，场景不仅要‘准确’，还必须使用情感上可以为人们所接受的色调。巴黎秋季艺术沙龙的下午就像巴黎歌剧院的夜晚：观众希望演员追捧他们，取悦他们。大部分人都知道自己喜欢什么，他们期望看到自己能看懂的东西。”休罗说，那些能够得到奖章的画作都是一些画得很精细的大幅帆布画，表现的要么是法国历史，要么是神话故事，画的都是马、军队和漂亮女人，画作名就叫《军队出发了》《因为书信而流泪的年轻妇女》《被抛弃的无辜者》之类。

印象派画家对艺术则有一种完全不同的理解。他们描绘的都是日常生活的画面。他们的一笔一画清晰可见，构图则是模糊的。对于巴黎秋季艺术沙龙的评审和工业宫的观众来说，他们的画作看起来不具备专业水准，有时候甚至令人震惊。1865 年，评审意外地认可了马奈的一幅画。他画的是一个妓女，画作名叫《奥林匹亚》（*Olympia*）。这幅画在巴黎引起了一阵骚动。保安围在画前，竭力阻止观众靠近这幅画。“巴黎顿时陷入了一种十分不理性的氛围中，害怕甚至成了主导人们情绪的反应，”历史学家罗斯·金（Ross King）写道，“一些人看到这幅画的反应是‘狂笑不止’，而其他人，主要是女性，她们则惊恐地扭过头不看这幅画。”1868 年，雷诺阿、巴齐耶和莫奈的画被评审选中。他们的画作本来可以公开展览 6 周，不料在展会举办过程中，展览方将他们的作品从主展区撤出，随意地丢在了垃圾堆里。这个垃圾堆是一个又黑又小的房间，位于工业宫后面，用来放置那些被认为失败的作品。完全不被认可真是一件很糟糕的事情。

巴黎秋季艺术沙龙是全世界最盛大的艺术展。盖尔波瓦咖啡馆里的每个人都认同这种说法。但是想得到巴黎秋季艺术沙龙评审的认可是要付出代价的：他们必须创造出一些在他们自己看来并无意义的艺术作品，而这些作品很有可能淹没在其他画家杂乱无章的作品中。这值得吗？印象派画家日复一日地讨论，他们是否要继续参加巴黎秋季艺术沙龙，还是坚持自己的原则，办一个属于自己的展览？他们是想做巴黎秋季艺术沙龙这个大池塘里的小鱼，还是想做自己选择的小池塘里的大鱼？

最终，印象派画家做出了正确的选择。因此，今天你才能在世界各大博物馆中看到他们的画作。当然，这只是原因之一。在我们的生活中，这种类似的困境会一次又一次地出现，而通常我们都无法做出明智的选择。倒 U 形曲线图告诉我们，在某个点，财富和资源不会让我们的生活变得更好，而会让我们的生活变得更糟。印象派画家的故事提出了第二个类似的问题：我们努力想要成为最好的，拼命地要挤进那些最好的机构，然而我们却很少停下来思考，就像印象派画家那样思考，哪一个机构会给我们带来最大的利益。类似的例子很多。最常见的例子莫过于选择哪所大学了。

2

卡洛琳·萨克斯[①] 成长在离华盛顿大都会区最远的边缘地带。她

① 此为化名，且做了细节处理。

一直都在公立学校上学。她的母亲是一位会计，父亲在技术公司工作。当她还是一个小孩儿的时候，她就在教堂唱诗班唱歌。她喜欢写作和画画，但她真正感兴趣的是科学。

“我常常趴在草地上，拿着一个放大镜，带着写生簿，观察昆虫的活动，再把它们画下来。”萨克斯说。她是一位有思想、口才好的年轻女性，她诚实、率直。“我对昆虫、鲨鱼特别着迷。我曾一度认为自己会做一名兽医或者鱼类研究员。尤金妮·克拉克（Eugenie Clark）是我的偶像。她是第一位女潜水员。她出生于纽约的一个移民家庭。尽管她遭遇了许多挫折——‘你是个女人，你不能去潜水’——她还是成为她所在领域的顶尖人物。我就是觉得她很棒。我爸爸见过她，还给我带了一张她的签名照，我开心极了。科学真的是我的生活中很重要的一部分。”

萨克斯在高中的时候，一直都是班里的尖子生。在上高中期间，她便在附近的大学修读了一门政治学课程，并在社区大学修读了一门多元微积分课程。她的这两门课程的成绩都是 A，她在高中的每一门课程的成绩也都是 A。她预修的每一门大学课程的成绩都很好。

高二那年夏天，他父亲带她快速地参观了美国的大学。“我们在 3 天内参观了 5 所学校，”她说，“分别是卫斯理大学、布朗大学、普罗维登斯学院、波士顿大学和耶鲁大学。卫斯理大学很有趣，但是学校太小了。耶鲁大学很酷，但我明显觉得自己不适合那里的氛围。”她喜欢的是位于罗得岛州普罗维登斯市的布朗大学。这所大学小巧独特，傲然耸立在 19 世纪乔治亚时代红砖风格建筑和殖民建筑群中央。它也许是全美最漂亮的大学校园了。她申请了布朗大学，备选是马里兰大学。几个月后，她收到了一封邮件。她被布朗大学录取了。

“我以为布朗大学的每一个学生都很有钱，他们世故，学识渊博。”萨克斯说，“但等我去了那里之后，我才发现大家都跟我差不多——充满求知欲，既紧张又兴奋，不知道自己是否能在那里交到朋友。但那里的一切令人觉得安心。”对她来说，选择课程是最难的。她什么课程都喜欢。最后她选择了化学入门、西班牙语、语言的演变史，还有现代医学的植物学基础——她说这是一门“既教人认识植物，又教人认识土生土长植物的药用价值，以及它们背后的化学原理”的课。学校让她感觉身处天堂。

3

卡洛琳·萨克斯的决定是正确的吗？大部分人认为是正确的。她和她父亲迅速游览了一遍美国的大学之后，她便按照由最好到最坏的顺序对它们进行排序。布朗大学排名第一。马里兰大学是她的备选，这所大学并没有布朗大学那么好。布朗大学是常春藤联盟学校，跟马里兰大学相比，该校拥有更多的资源、更优秀的学生，它的名气更大，教师素质更高。每年，《美国新闻与世界报道》（*U. S. News & World Report*）都会发布美国大学排名，布朗大学都排在前十名，或者前二十名。而马里兰大学的排名就比较靠后了。

前面我们介绍了印象派画家是如何看待巴黎秋季艺术沙龙的，现在我们以同样的角度来思考一下卡洛琳的决定。到底是参加巴黎秋季艺术沙龙还是举办特别艺术展，印象派画家们讨论了很久都没有结果。他们都清楚，这不是一件思考哪种选择更好的事情，而是这两种选择完全不一样，每种选择都各有优缺点。

巴黎秋季艺术沙龙就好比常春藤联盟学校。这是建立知名度的地方。它之所以特别，是因为它有严格的筛选标准。19 世纪 60 年代，法国约有 3 000 位“在全法国有一定名气”的画家，他们每个人都挑了两三幅最好的画作送到巴黎秋季艺术沙龙。而评审则要从这堆画作中挑出少数的顶级佳作。淘汰是在所难免的。入选则意味着拥有卓越的表现。“巴黎秋季艺术沙龙是一个真正的战场，”马奈说，“在这里，画家必须依照评审的标准画画。”在印象派画家中，他是那个最认同巴黎秋季艺术沙龙价值的人。艺术评论家西奥多·迪雷（Théodore Duret）也活跃于盖尔波瓦圈子，他也认同该艺术展的价值。“你要再往前走一步，”迪雷在 1874 年给毕沙罗的信中写道，“就是让公众都认识你，让交易商和艺术爱好者接受你……我劝你参加巴黎秋季艺术沙龙。如果你想成功的话，你就必须制造新闻，与公众面对面，任由你的作品被人追捧或者遭人诋毁。”

巴黎秋季艺术沙龙之所以引人注目，就在于它的声望和严格的筛选标准，而这也是它的问题所在。工业宫是一座宽大宏伟的建筑，长 300 码，中央走道约有两层楼高。巴黎秋季艺术沙龙上约有三四千幅画。这些画被挂在四个不同的水平面上，从地面开始，一直延伸到天花板。只有经过评审一致认可的画才可以被挂在人们站立平视就能看到的地方。如果你的画被挂在靠近天花板的地方，那么很有可能别人根本看不到它。（雷诺阿就有一幅画被挂在垃圾房里的天花板上。）每位画家提交的作品不得超过三幅。观众总是蜂拥而至。巴黎秋季艺术沙龙是一个大池塘。在这个展会上，你很难脱颖而出，注定只能是一条小鱼。

毕沙罗和莫奈不认同马奈的看法。他们认为做小池塘里的大鱼更有意义。他们说，假如他们可以凭借自己的力量，举办属于自己的画展，那么他们就不必受巴黎秋季艺术沙龙的规则束缚了。在巴黎秋季艺术沙龙上，《奥林匹亚》只会引起人们的骚动，受人青睐的只是那些画英雄和哭泣的妇女的作品。而在自己的小池塘里，他们可以随心所欲地绘画，他们不会被淹没在人群中，因为他们并不是普通人。1873 年，毕沙罗和莫奈提议印象派画家成立“无名画家、雕塑家、版画家协会”。协会里没有竞争，没有评判，也没有奖章。每个艺术家都是平等的个体。除了马奈，其他人都加入了该协会。

协会会址位于卡布辛大道一栋建筑的顶楼。上一位房客是一名摄影师，刚刚搬走。那里有一排红棕色墙面的小房间。印象派画展于 1874 年 4 月 15 日开幕，为期一个月，门票价格 1 法郎。展出作品共有 165 幅，其中塞尚展出 3 幅作品，德加 10 幅，莫奈 9 幅，毕沙罗 5 幅，雷诺阿 6 幅，阿尔弗雷德 · 西斯莱 5 幅（他有小部分作品也在巴黎秋季艺术沙龙展出）。此次画展对画家展出的作品的位置摆放并没有限制，他们的画可以随便挂在一个地方，只要人们看得见就可以。“即使巴黎秋季艺术沙龙接受了印象派的画作，他们的作品也会被淹没在参加该艺术展的其他作品中，”艺术史学家哈里森 · 怀特（Harrison White）和辛迪亚 · 怀特（Cynthia White）写道，“而……通过举办这个独立展览，他们可以吸引人们的注意。”

3 500 人参加了这个画展。第一天有 175 人，这足以引起艺术评论家的注意了。当然，并不是所有人的看法都是正面的：有这样一句玩笑说，印象派画家正扳动画笔这把手枪，要朝帆布画开火。这不过是“做小池塘里的大鱼”激起的影响之一。可能这个圈子外的人会鄙视“做小池塘里的大鱼”这种选择，但在小池塘里面的人则心满意足。他们能够得到团体和朋友的一切支持，在这里，没有人会看不惯他们的创意和个性。“我们要试着造一个窝，”满怀希望的毕沙罗在写给朋友的信中说道，“我们就像一些入侵者，成功地闯入大众的领地，插上了我们的旗帜。”他们面临挑战时的态度是，“不管那些意见，只管往前走”。毕沙罗是对的。印象派画家靠着自己的力量，为自己找到了一个新的身份。他们又有了创造的自由。很快，外面的人开始注意到他们。在现代艺术史上，还不曾有过如此盛大和著名的展览。今天，如果你想在这个拥挤的顶楼买一幅作品，可能得花上十几亿美元。

印象派画家带给我们的启发是，在某些时间、地点，做小池塘里的大鱼比做大池塘里的小鱼好。处在边缘世界里的局外人看似处于不利地位，然而结果证明这并非一种不利。毕沙罗、莫奈、雷诺阿和塞尚在名望与被人看见、严格筛选与自由之间权衡利弊，最后他们发现在大池塘里做一条小鱼的代价太大了。卡洛琳·萨克斯面临的是同样的选择。她可以选择在马里兰大学做一条大鱼，也可以选择在世界最著名的某所学校里做一条小鱼。她选择了“巴黎秋季艺术沙龙”，而不是“卡布辛大道的那三间小屋”。她最终为自己的选择付出了巨大的代价。[1]

4

卡洛琳·萨克斯的麻烦始于大一那年春天，当时她刚开始上化学课。那时她发现自己选的课程好像太多了，而且她参加的课外活动也太多了。她看到自己第三次期中考试的成绩时，心不由得往下一沉。她立刻就去找了考得较差的那门课的授课教授。“他让我做了一些练习，然后说‘你对某些概念缺乏最基本的认识，所以我建议你放弃这门课程，这样你才不会为期末考试发愁，你可以等明年秋天再来修这门课程’。”她听取了教授的建议。大二那年秋天，她重新选修了这门课。但她几乎没有什么进步。她得到了 B– 的成绩。她感到十分震惊。“我从来没在考试中得过 B–。”她说，“我一直很优秀。我第二次修这门课的时候已经上大二了，而课堂上的大部分人都是大一新生。这太令人沮丧了。”

她在被布朗大学录取的那一刻就知道，大学跟高中不一样。对，不可能一样。她不再是班里最聪明的学生。她接受了这个事实。“我想，不管我怎么准备，总有人能说出一些我从来没有听过的东西。所以我就试着让自己不要那么天真，不要再想什么最聪明、成绩优秀的往事了。”化学这门课的难度远远超出了萨克斯的想象。班里的学生充满竞争意识。“我在跟班上的同学交流时遇到了很多问题。”她接着说，“他们不想和我分享他们的学习经验。他们不想告诉我，如何更好地理解我们学习的知识，因为我如果因此进步的话，会对他们造成威胁。”

大二那年春天，她选修了有机化学。结果更糟糕了。她完全不知道怎么上这门课。“你要记住一个概念的原理。老师会给你一个你从来没见过的分子，要求你创造出另一个你从来没有见过的分子，你要从一个东西引申到另一个东西。有些人只要稍微想一想，5分钟就可以做完练习。他们真的很厉害。还有些人，他们拼命地做练习，训练自己的这种能力。我也很努力，但我就是做不好。”老师提问的时候，周围的同学纷纷举起手，萨克斯只能沉默地坐在那里，听着同学们的那些精彩的回答。“那个时候我觉得自己实在是太笨了。”

一天晚上，她熬夜到很晚，就为了预习有机化学课的内容。她又痛苦又愤怒。她不想半夜三点还在看有机化学，因为做了这些，也不见得会有什么进步。“我想，应该就是在那个时候，我开始觉得自己不应该再往这个方向发展了。”她受够了。

然而悲剧的是，萨克斯喜欢科学。她放弃了自己的最爱，说起这个的时候，她深感遗憾，因为所有她曾经想要上的课她都不会上了，例如生理学、传染病学、生物学和数学。大二刚结束的那个夏天，她因为自己的决定而痛苦不已：“这是一个说出来会让人觉得很自豪的学科。‘我是一个17岁的女孩儿，我喜欢昆虫！我想要研究它们，我总是在钻研这方面的东西，我把它们都画在了我的写生簿里，标出了它们身体的每个部位。我知道它们住在什么地方，它们在做什么。’‘我对人类及人体是如何运转的很感兴趣，听起来是不是很棒？’说出‘我是一个研究科学的女孩儿’这种话真的会让人觉得自豪。而现在我却放弃了这个学科，这对我来说几乎等同于一种耻辱，‘因为我搞不明白这些东西，所以我要去上别的课了’。然而就目前来说，这是我能想到的唯一办法。因为我已经完完全全失败了。这是我的目标，但我却没办法实现它。”

其实萨克斯在有机化学课上的表现怎么样，并没有太大的关系，对不对？她又不是想当一名有机化学家。这不过是一门课程。很多人都觉得有机化学很难。医科大学的预科生花一整个夏天去别的学校学习有机化学并不奇怪，因为这样他们就有了一个学期的实习时间。还有，萨克斯是在一所极具竞争力、学术严谨的大学学习有机化学。如果你要给世界上学习有机化学的学生排名，那萨克斯很可能只是平凡的大多数中的一个而已。

但问题是，萨克斯并不是拿自己和世界上学习有机化学的普通学生比，她是拿自己和布朗大学的同学比。她是这个全美最深、最具竞争力的“池塘”里的一条“小鱼”。她拿自己和其他聪明的同学比，于是她的自信心被彻底摧毁了。她觉得自己很蠢，尽管她一点儿都不蠢。“其他人都是这方面的佼佼者，即使有些人刚开始和我一样笨，但最后他们还是变得很优秀。不管怎么做，我似乎就是没办法像他们那样思考。”

5

卡洛琳·萨克斯经历的就是所谓的“相对剥夺”（relative deprivation）过程。第二次世界大战期间，社会学家萨缪尔·斯图菲（Samuel Stouffer）发明了这个术语。当时，美国陆军委托斯图菲研究士兵的态度和士气。他研究了 50 万名男女士兵，调查的问题包括：士兵是如何看待他们的指挥官的，黑人士兵觉得自己的待遇如何，去偏远村落服务的难度有多大。

斯图菲问的一系列问题中有一个问题特别突出。他分别询问了在宪兵部和空军部服役的士兵：从发现个人能力和促进个人能力发展方面来说，他们各自所在的部门做得怎么样？结果很明显。与空军相比，宪兵对宪兵部的看法更为正面。

从表面上看，这个问题是没有意义的。在所有的军种里，宪兵部的晋升率是最低的，空军的晋升率是最高的。空军部征募的士兵晋升军官的概率是宪兵士兵的两倍。那为什么宪兵会更满足呢？斯图菲是这样解释的：宪兵们只拿自己和宪兵部的其他战友比。如果你在宪兵部服役，且得到晋升，你会非常开心，因为这种事情太罕见了。而如果你没有得到晋升，你依然和你的战友在同一条船上，没有什么区别，所以你也不会那么不开心。

“而那个接受同等教育、拥有同等资历的空军士兵则恰恰与他相反。”斯图菲写道。他的晋升概率大于50%。“如果他得到晋升，那他的大部分战友也能得到晋升。所以他的成就就不如宪兵那么显而易见。如果他没能得到晋升，而他的大部分战友都得到了晋升，那他的挫败感就会更强烈，因此更导致他批判军队的晋升系统。”[2]

斯图菲的意思是，我们没必要把眼界放得那么开，只要把自己放在某个合理的范围中，拿自己跟“坐在同一条船上的人”比较就好。我们那种被剥夺的感觉是“相对”的。这是调查中一个清晰而又深刻（仍在探索）的发现，它为其他仍旧疑云重重的调查提供了解释。比如，你认为什么样的国家的居民自杀率高，是那些居民宣称自己过得很幸福的国家？如瑞士、丹麦、冰岛、荷兰、加拿大等。还是那些居民宣称自己过得一点儿都不幸福的国家？如希腊、意大利、葡萄牙、西班牙等。答案是那些居民宣称自己过得很幸福的国家。这和宪兵与空军的调查结果是一个道理。在一个大部分人都不开心的国家里感到绝望，你只要拿自己和周围的人比，你就会发现原来情况并没有那么糟糕。但是请你想象一下，假如你在一个每个人都过得很幸福的国家里感到绝望，那事情会有什么不同？①

卡洛琳·萨克斯拿自己和有机化学班里的其他同学比，以此来评价自己，并最终做出决定。其实这种做法并不奇怪，也并非不理性的行为。因为人们经常这么做。我们总是拿自己和与我们处在同一个地域的人相比。也就是说，在名校里的学生（也许应该剔除那些尖子班的学生），他们要面临的压力是在一个竞争力较弱的环境中的人不会面临的。幸福国家的居民自杀率高于不幸福国家的，因为他们周围的人都很幸福，所以幸福与不幸福的反差就显得过大了。在“优秀”学校的学生看着周围那些聪明学生，你说他们会怎么想？

---

① 这个例子取自经济学家玛丽·戴利（Mary Daly）的研究。她用很大篇幅描述了这种现象。另一个例子则取自卡洛·格雷厄姆（Carol Graham）的《世界上的幸福：幸福农夫和悲惨富豪的悖论》（*Happiness Around the World: The Paradox of Happy Peasants and Miserable Millionaires*）。有两个穷人，一个来自智利，一个来自洪都拉斯，你认为谁更幸福？逻辑会告诉你来自智利的更幸福。智利是现代发达国家。智利穷人赚的钱可能是洪都拉斯穷人的两倍，这就意味着他们可以住在更漂亮的房子里，吃更好的食物，还能买更多带给人舒适的物品。但如果你比较一下两个国家穷人的幸福指数，你会发现洪都拉斯人比智利人幸福。为什么？因为洪都拉斯人在意的只是其他的洪都拉斯人。格雷厄姆指出：“因为幸福感与国家的平均收入水平无关，但是与距离平均收入水平多少有关。洪都拉斯的穷人之所以感觉比较幸福，是因为他们的收入与平均收入的差距更小。”在洪都拉斯，穷人的财富更接近中产阶级的财富，智利的情况则恰恰相反，因此洪都拉斯的穷人会觉得比较幸福。[3]

相对剥夺的现象应用于教育中，就是所谓的“大鱼小池塘效应”。在一个越优质的教育机构中，学生越会觉得自己的学习能力差。好学校的尖子班学生去了真正的好学校之后，会很容易垫底。好学校中那些认为自己在某个学科很厉害的学生去了真正的好学校之后，与其他学生的差距会越来越大。这种感觉也许有些主观、荒谬、非理性，但却是事情的关键所在。在班级里，你对自己学习能力的认知会塑造你处理挑战、完成艰巨任务的意志。这种意志是动机和信心的关键因素。[4]

大鱼小池塘效应是心理学家赫伯特·马什（Herbert Marsh）提出的。在他看来，大部分父母和学生在选择学校时都出于错误的理由而做出决定。“很多人都觉得去一个学术严谨的学校会比较好，”他说，“事实并非如此。去这种学校，结果有利有弊。”他接着说：“我在悉尼住过一段时间。那里有一小部分公立学校，入学门槛很高，名气甚至比优秀的私立学校大。这些学校的入学竞争十分激烈。不管这些学校什么时候举行入学考试，悉尼最大的报纸《悉尼先驱晨报》（*Sydney Morning Herald*）都会给我打电话。这种情况每年都会发生。通常迫于压力，我都得说些新的东西。所以最后我就说了（也许我不应该说）：‘如果你们想要看看名校对自我认知的影响，那你们找错人了，你们应该去找那些父母。’”[5]

6

卡洛琳·萨克斯的遭遇实在太普遍了。在美国，有超过一半的学生刚开始学的是科学、技术和数学（即众所周知的 STEM[①]）。结果很多学生在第一年或者第二年就放弃了。在现代经济社会中，尽管获得一个科学学位对年轻人来说是最有价值的一种优势，然而大部分想要成为 STEM 领域专家的学生最终都转去读文科了。这类专业的学术水平要求较低，课业压力也没那么大。这便是美国受过优质教育的科学家和工程家短缺的主要原因。

为了弄清楚什么学生会放弃科学专业，以及他们放弃的原因，我们来看一下纽约州北部哈特威克学院的科学专业学生入学人数。该校与美国东北部的大部分学校一样，是一所小型的文科大学。

根据数学测试的分数，我们将哈特威克学院 STEM 专业的学生分为三类：优秀、中等、差劲。如下所示。该分数取自美国 SAT（学术能力评估测试），这被美国许多学校当成入学考试。数学满分为 800 分。[②]

STEM 专业	优秀	中等	差劲
SAT 数学成绩	569	472	407

① STEM 代表科学（Science）、技术（Technology）、工程（Engineering）、数学（Mathematics）。——译者注

② 这些数据来源于报纸上一篇名为《在优秀教育机构中，种族在选择科学专业、放弃科学专业方面扮演的角色》（“The Role of Ethnicity in Choosing and Leaving Science in Highly Selective Institutions”）的文章，作者是社会学家罗杰斯·埃利奥特（Rogers Elliott）和 A. 克里斯托弗·斯根塔（A. Christopher Strenta）。这些 SAT 数据均来源于 20 世纪 90 年代，今天的数据或许会有变化。

如果我们以 SAT 为导向，我们可以看到在哈特威克学院中，最优秀和最差劲学生的数学成绩差距极大。

现在来看看哈特威克学院三类学生获得的科学学位占比。

STEM 学位	优秀	中等	差劲
百分比	55.0	27.1	17.8

哈特威克学院一半以上的科学学位由优秀学生获得。差等生获得的科学学位只占 17.8%。进入哈特威克学院时数学最差的学生慢慢放弃了数学和科学，这似乎并不稀奇。想要成为工程师或者科学家，就必须学习高等数学和高等物理，但这两门课都很难。只有尖子班那一小撮足够聪明的学生才能学好这两门课。

现在我们来看看哈佛大学的这方面的数据。哈佛大学是世界上最著名的高等学府之一。

STEM 专业	优秀	中等	差劲
SAT 数学成绩	753	674	581

哈佛大学学生的 SAT 数学成绩比哈特威克学院学生的高出许多。着实在意料之中。实际上，我们也可以看到，哈佛大学差等生的数学成绩比哈特威克学院优等生的成绩还高。假如拿到科学学位与你的聪明程度相关，那么哈佛大学的学生几乎都可以拿到学位，对吧？至少从表面上来看，哈佛大学的每个学生都智力超群，完全可

以搞定那些课程作业。我们先来看看哈佛大学三类学生获得的科学学位占比。

STEM 学位	优秀	中等	差劲
百分比	53.4	31.2	15.4

是不是很奇怪？在哈佛大学差等生中，放弃数学和科学的人数与纽约州北部学校的人数差不多。哈佛大学发放的科学学位的数量与哈特威克学院发放的是相等的。

停下来想一想。我们姑且将哈特威克学院那些拿到学位的人称为“哈特威克的全明星”。而将哈佛大学那些没有拿到学位的人称为“哈佛后进生”。每个人做同样的练习，学习同样的概念，努力地解决在学习高等微积分、有机化学这类课程中遇到的同样的问题。从测试分数来看的话，他们的学习能力都差不多。“哈特威克的全明星”中的大多数人都得到了自己想要的结果，最终都成了工程师、生物学家等。与此同时，在更有声望的大学上学的“哈佛后进生”却因他们的经历而意志消沉，他们中有很多人完全放弃了科学专业，转到了非科学专业。“哈佛后进生”就是一些活在很大、很可怕的池塘里的“小鱼”。“哈特威克的全明星”是一些活在舒适小池塘里的“大鱼”。要知道，决定你是否可以拿到科学学位的关键并不是你有多聪明，而是在你的班级中，你觉得自己和其他同学相比有多聪明。

我想顺带说一下的是，这是选择学校时的一个真理：你不要过分在意一个学校的学术水平。社会学家罗杰斯·埃利奥特和 A. 克里斯托弗·斯根塔对美国 11 所不同文科大学做了同样的调查。你可以自己看看：

表 3-1 美国 11 所不同文科大学学生成绩

学校	优秀生占比	SAT 数学成绩（分）	中等生占比	SAT 数学成绩（分）	差等生占比	SAT 数学成绩（分）
1. 哈佛大学	53.4%	753	31.2%	674	15.4%	581
2. 达特茅斯学院	57.3%	729	29.8%	656	12.9%	546
3. 威廉姆斯学院	45.6%	697	34.7%	631	19.7%	547
4. 科尔盖特大学	53.6%	697	31.4%	626	15.0%	534
5. 里士满大学	51.0%	696	34.7%	624	14.3%	534
6. 巴克内尔大学	57.3%	688	24.0%	601	18.7%	494
7. 凯尼恩学院	62.1%	678	22.6%	583	15.3%	485
8. 西方学院	49.0%	663	32.4%	573	18.6%	492
9. 卡拉马祖学院	51.8%	633	27.3%	551	20.9%	479
10. 俄亥俄卫斯理大学	54.9%	591	33.9%	514	11.2%	431
11. 哈特威克学院	55.0%	569	27.2%	472	17.8%	407

我们再回过头来，想想卡洛琳·萨克斯当时在面对布朗大学和马里兰大学是怎样选择的。布朗大学的名气可以让她从中受益。她可以在学校里认识更有趣也更富有的同学。她在学校建立的人际关系网络，以及她拿到的名牌大学学位，应该有助于她在人才市场上找到更好的工作。这是所有“大池塘”的好处。布朗大学就相当于巴黎秋季艺术沙龙。

但她也要冒一定的风险。她完全放弃科学专业的概率更大。这个风险到底有多大？根据加利福尼亚大学米切尔·张（Mitchell Chang）的研究，在所有因素都相同的情况下，学校学生的 SAT 平均分每低 10 分，学生拿到STEM学位的可能性就会增加2%。① 你的同学越聪明，你就会越觉得自己蠢；你越觉得自己蠢，你放弃科学专业的可能性就越大。马里兰大学新生和布朗大学新生的 SAT 平均分相差 150 分。萨克斯放弃一所好大学，选择名牌大学的代价就是她拿到科学学位的概率降低了 30%。30%！当时文科学校的毕业生很难找到工作，而一个拥有 STEM 学位的学生则肯定能找到一份好工作，拿到科学学位和工程学位的毕业生的工作机会更多，待遇更好。因此，贪图一所常春藤联盟学校的名气是要冒很大风险的。[6]

我再给你们举一些“大池塘”的例子。这些例子可能会让你更加吃惊。试想一下，你是一所大学的招聘人员，你正在寻找最优秀的学术型毕业生。你会采取什么样的招聘策略？你只会招那些毕业于顶尖学校的学生吗？还是不问毕业生的学校，直接去招那些在班里学习成绩拔尖的毕业生？

① 这是一个关键数据，因此我需要对此进行更加详细的解释。张及其搭档研究了几千名大一新生，发现了那些最有可能使学生放弃科学专业的因素。那么最重要的因素是什么呢？一个学校学生的学习能力越强，就越有可能放弃科学专业。“大一新生的入学成绩比 SAT 平均分每高出 10 分，他们获得学位的可能性便会降低 2%。”他们如此写道。有趣的是，如果你仔细观察那些少数族裔学生，这个数据还会更高。少数族裔学生的 SAT 成绩每增加 10 分，拿到学位的概率就会降低 3%。“那些如愿以偿进入第一志愿学校的学生，他们坚持读生物科学或者行为科学专业的可能性更低。”他们写道。你认为你去了对自己来说最好的一所学校。然而事实并非如此。

大多数人都会遵循第一种策略。他们甚至会夸大其词："我们只招顶尖学校的毕业生。"在这一点上，我希望你们至少保留一点点怀疑精神。在选择做"大池塘的小鱼"之前，你是不是应该再三考虑一下做"小池塘里的大鱼"这种选择？

幸运的是，有一个简单的方法可以比较这两种策略。该方法源自约翰·康利（John Conley）和阿里·西纳·昂代尔（Ali Sina Önder）对经济学博士的成果的研究。在理论经济学领域，有几本经济学期刊，该领域的每个人都会去阅读，也都尊重这几本期刊刊载的内容。这些顶级期刊只会刊登最好、最具创意的研究文章。在大部分情况下，相关人士会根据经济学家在这些期刊上发表的研究文章数量确定他们的学术水平排名。何为最佳的招聘策略？康利和昂代尔指出，我们只需要对比一下"小池塘里的大鱼"和"大池塘里的小鱼"各自发表的论文数量就知道了。结果如何？普通学校的优等生发表的论文比顶级学校的好学生发表的要多。

这是一个特别有违直觉的事实。那些只招哈佛大学和麻省理工学院毕业生的大学也许错了——这个观点看起来太疯狂了。然而，几乎没有任何资料可以反驳康利和昂代尔的分析。

我们先从北美洲顶级的经济学博士说起。其中包括世界上顶尖的学校：哈佛大学、麻省理工学院、耶鲁大学、普林斯顿大学、哥伦比亚大学、斯坦福大学、芝加哥大学。康利和昂代尔根据每位毕业生在班级的成绩排名，对他们进行了分类。他们统计出了每个博士毕业生在学术生涯的最初 6 年中发表的论文数量。

表 3-2　7 所顶尖学校博士毕业生在学术生涯最初 6 年发表论文的数量

	99 个百分点	95 个百分点	90 个百分点	85 个百分点	80 个百分点	75 个百分点	70 个百分点	65 个百分点	60 个百分点	55 个百分点
哈佛大学	4.31	2.36	1.47	1.04	0.71	0.41	0.30	0.21	0.12	0.07
麻省理工学院	4.73	2.87	1.66	1.24	0.83	0.64	0.48	0.33	0.20	0.12
耶鲁大学	3.78	2.15	1.22	0.83	0.57	0.39	0.19	0.12	0.08	0.05
普林斯顿大学	4.10	2.17	1.79	1.23	1.01	0.82	0.60	0.45	0.36	0.28
哥伦比亚大学	2.90	1.15	0.62	0.34	0.17	0.10	0.06	0.02	0.01	0.01
斯坦福大学	3.43	1.58	1.02	0.67	0.50	0.33	0.23	0.14	0.08	0.05
芝加哥大学	2.88	1.71	1.04	0.72	0.51	0.33	0.19	0.10	0.06	0.03

表 3-2 中数据有点儿多。不过你不用一下看那么多，就看最左侧，即那些在班里排名 99 个百分点以上的毕业生的数据。在学术生涯刚开始的几年里，能在世界顶级期刊上发表 3~4 篇文章是很了不起的事。这些人真的很棒。由此我们可以得出，作为从麻省理工学院或者斯坦福大学这类顶尖学校毕业的学生，他们发表的论文数量肯定更多，他们取得的成就肯定也更大。

然而，这数据让人看了摸不着头脑。看排名在 80 个百分点的那一列。像麻省理工学院、斯坦福大学和哈佛大学这样的学校，他们每年约接收 24 名博士生。假如你的排名在 80 个百分点以上，这意味着你在班里排第五或者第六名。顺着数据往下看，最后一栏——排名在 55 个百分点以上的，这些学生的成绩只比平均分高一点儿。当然，他们也很聪明，能进入世界上最具竞争力的其中一所高等学府学习，并以优异的成绩毕业。但他们几乎没有发表过学术论文。从专业的经济学家角度来说，他们着实令人失望。

接下来，我们来看看普通学校的毕业生的情况。我这里说的“普通”并非真正意义上的普通，只是七大名校的学生会这么称呼它们。在《美国新闻与世界报道》推出的年度研究院排名中，这是一些几乎垫底的学校。为了进行比较，我选取了其中三所学校。第一所就是我的母校多伦多大学（实在汗颜！）。第二所是波士顿大学。第三所是康利和昂代尔所谓的“排名非前30”的学校，是在榜单上排名非常靠后学校的平均数据。

表3-3　三所“普通”学校博士毕业生发表论文情况

	99个百分点	95个百分点	90个百分点	85个百分点	80个百分点	75个百分点	70个百分点	65个百分点	60个百分点	55个百分点
多伦多大学	3.13	1.85	0.80	0.61	0.29	0.19	0.15	0.10	0.07	0.05
波士顿大学	1.59	0.49	0.21	0.08	0.05	0.02	0.02	0.01	0.00	0.00
“排名非前30”的学校	1.05	0.31	0.12	0.06	0.04	0.02	0.01	0.01	0.00	0.00

你是否觉得很不可思议？之前，我们说过“排名非前30”的学校是一些在榜单上排名十分靠后的学校，常春藤联盟学校的学生一想到置身其中就会觉得可笑。然而它们最优秀的学生发表的论文平均为1.05篇，比绝大部分哈佛大学、麻省理工学院、耶鲁大学、普林斯顿大学、哥伦比亚大学、斯坦福大学和芝加哥大学的学生发表的论文都多，当然这其中不包括这些学校的最优秀学生。你是会招聘来自“小池塘”的“大鱼”，还是“大池塘”里体型中等的“小鱼”？显然是

前者。

康利和昂代尔一直致力于解释他们的分析结果。① 他们写道：

> 想要上哈佛大学的申请者必须成绩优异，有权威人士写的可靠推荐信，而且还应懂得如何包装自己，以获得招生委员会的青睐。这些被录取的考生就和真正的大学生一样，勤奋、睿智、训练有素、机智且雄心勃勃。然而绝大部分申请成功的考生却在接受学校训练后变得平平无奇。为什么？他们申请大学时都是佼佼者，是学校让学生失望了，还是学生让学校失望了？[7]

两者都不是。没有谁让谁失望。名校环境对尖子生来说是一片宏伟天地，对尖子生以外的人来说则是一种困境。这便是对卡洛琳·萨克斯的大学经历的另一种解释。"大池塘"录取了那些非常聪明的学生，却又使他们变得意志消沉。

顺便问一下，你知道是哪所学校在近 50 年来研究发现了大池塘效应的威胁论吗？是哈佛大学！ 20 世纪 60 年代，弗雷德·格林普（Fred Glimp）是哈佛大学招生部主任，他实行了著名的"快乐的垫底区域"（happy-bottom-quarter）策略。他在上任后的第一本备忘录上写

---

① 需要澄清的一点：康利和昂代尔的图表说明的并不是每个经济学家发表的论文总数。确切来说，这是一个加权平均数——主要取自被最著名期刊，如《美国经济评论》（*The American Economic Review*）或者《计量经济学》（*Econometrica*）收录的论文数量，也取自部分被名气不那么大的期刊收录的论文数量。换言之，这些数据并不是这些学校的学术人士发表的论文总数，而是他们发表的高质量的论文数量。

道："不管一个班级的学生多么厉害，总有一些人是垫底的。在这样一个高手如云的班级里，觉得自己平庸的这种心理会产生什么样的影响？在这样的垫底区域，是否会出现某些可辨别的心理模式？是否会有一些人能'快乐地'处在这个区域？或者尽管他们成绩垫底，但却能够学到最多的知识？"他很清楚，"大池塘"打击的是最优秀学生以外的任何人。对格林普来说，他的职责就是找出那些足够坚强，在学习领域外足够成功，可以顶得住压力，在哈佛大学这个非常大的"池塘"里做一条"小鱼"而生存下来的学生。因此，哈佛大学开始研究大量有天赋但学术能力在班级排名靠后的学生。这种研究一直持续到现在。理论表明，如果某些人在班级里是炮灰的话，那很可能他会是足球场上最优秀的球员。[8]

同样的逻辑也适用于分析对平权法案的辩论。美国发生过一场声势浩大的辩论，焦点是普通高校和技校是否应该降低处于劣势地位的少数族裔考生的录取率。平权法案的支持者认为，帮助少数族裔考生进入名校体现的是一种种族平等的观点，符合历史潮流。反对者认为，名校地位重要，所以只能录取那些适合进入这类学校学习的考生。中间派认为，通过种族来决定优先权是一种错误的做法，我们真正应该做的是给那些穷人优先权。这三组人理所当然地认为进入名校是一种巨大的优势，而进入名校的名额有限，因此值得大家去争取。但人们为什么会认为值得去争取这些顶尖的学校呢？

法律院校的平权法案行动更为激烈。在这类学校中，黑人学生实际能申请的名额比他们本来能申请的名额要多，然而真正能进入这些学校的黑人学生却没有这么多。结果如何？根据法学教授理查

德 · 桑德尔（Richard Sander）的研究，在美国，一半以上（确切来说是 51.6%）的非裔美籍法律专业学生，都成了法律院校排名倒数 10% 的学生，而排在倒数 20% 的学生中有多达 3/4 的非裔美籍学生。① 当你了解如果你在班级垫底，而你要拿到一个科学学位有多难时，你大概就会承认这些数据多么让人害怕了。还记得卡洛琳 · 萨克斯说了什么吗？“其他人都是这方面的佼佼者，即使有些人刚开始和我一样笨，但最后他们还是变得很优秀。不管怎么做，我似乎就是没办法像他们那样思考。”萨克斯并不笨，相反，她很聪明。但是布朗大学让她觉

---

① 法学教授理查德 · 桑德尔是大池塘理论的主要拥护者，他反对平权法案。他和斯图尔特 · 泰勒（Stuart Taylor）合著了一本名为《失调：意在帮助少数族裔的平权法案如何伤害学生，以及为什么大学不赞同开展平权法案》（*Mismatch: How Affirmative Action Hurts Students It's Intended to Help, and Why Universities Won't Admit It*）的书。我在本书后附了一些对桑德尔论点的总结。[9]

举个例子，这是桑德尔研究的其中一个问题：少数族裔学生上越好的学校，就越难成为律师。这是显而易见的结论。但如果说这个学校的学位更有价值呢，那这样的困难是不是会因此被抵消一部分？桑德尔和泰勒坚称这种说法是不正确的。在一个普通的好学校取得优异成绩与在一个顶尖学校取得好成绩是一样的，甚至前者比后者更好。他们写道：

> 一个毕业于排名第 30 位的福德汉姆大学、成绩排在班级前 50 名的学生，她的工资待遇与一个毕业于排名第 5 位、更优秀的哥伦比亚大学学生的差不多，并最终让她晋身到比中产阶级稍低一点儿的阶层。我发现大部分情况都是这样的，福德汉姆大学的学生在就业市场上更有优势。

这种情况并非出人意料。在一个有黑人学生，也有其他人种学生的班级，为什么要给黑人学生特殊待遇？要知道，其他的学生仅是为了争取一点点优势就需要不断努力。

桑德尔的观点引发了争议。一些对研究数据有不同诠释的社会学家不同意他的部分观点。总的来说，他所谓的大池塘威胁论是这样的：只要这些心理学家回归斯图菲在“二战”期间做的研究，那他们就会发现该理论不过是一种常识而已。

得自己很笨。如果她真的想拿到一个科学学位的话，她最好就是“屈就”去马里兰大学。我相信，任何一个明智的人都不会建议萨克斯去一所竞争力更强的学校，如斯坦福大学或者麻省理工学院，以解决她的困境。而在大学平权法案这点上，我们却这么做了。我们给像卡洛琳·萨克斯（她刚好是一个黑人）这样的人以承诺，我们抬高了他们。为什么我们要这么做？因为我们认为这是在帮他们。

这并不是说大学平权法案是错误的。它只是好心做了坏事。名校有多余的资源去帮助这些穷人，其他学校则没有。但事实并不会因此改变，就像赫伯特·马什说的，进入“大池塘”的结局好坏参半。很奇怪，人们几乎很少谈到“大池塘”的负面影响。在选择学校时，父母还是会告诉孩子，让他们尽量去上那些最好的学校，因为那些学校可以让他们想干什么就干什么。我们总是理所当然地认为“大池塘”里的机会多，就像我们总是理所当然地认为小班更好一样。我们对优势有自己的一套定义，但这种定义是错误的。结果呢？我们犯错了。我们误读了弱者和巨人之间的战争。我们低估了那些看似是劣势的东西的发展空间。“小池塘”能让你获得更多的机会，得到你想要的东西。

卡洛琳·萨克斯在申请学校时，并不知道她会因此而使自己拿到科学学位的机会变小。现在她知道了。谈话结束时，我问她，如果她当初选择去马里兰大学——做小池塘里的大鱼——事情又会变成什么样子？她毫不犹豫地说道：“我仍会留在科学领域。”

7

“一直以来，我都是一个特别活泼热情的学生，我热爱学校，热爱学习，而且我也学得很好。”史蒂芬·鲁道夫说道。[①] 他是一个高个子的年轻人，留着一头精心打理的深棕色头发，穿着卡其色服装，十分干净利落。“我从四年级就开始学习高中代数了。五年级就学了代数 2，六年级又学了几何。我在上初中的时候，就去高中旁听数学、生物、化学、高级美国历史课程了。还有，我从五年级开始就去社区大学了，我在那里学了一些数学。那时候我还学了一些其他学科课程。那时我就想高中毕业的时候，我应该立刻就能从佐治亚大学拿到一个学士学位。我特别坚信这一点。”

从小学一年级到念完高中，鲁道夫每天都打着领带去上课。“说出来有些尴尬，”他说，“这是一件很疯狂的事。但我还是做了。我忘记是怎么开始的了。小学一年级的某一天，我想打领带去上课，于是就打了。之后便一直打着领带去上课。我猜我肯定特别讨人厌。”

鲁道夫作为他所在班级的毕业生代表在高中毕业典礼上致辞。他在大学入学考试中几乎拿到了满分。他同时被哈佛大学和麻省理工学院录取了，最终选择了哈佛大学。上大学的第一周，他走在校园里，感叹自己运气太好了。“我感觉我在校园里看见的每个人都是哈佛大学的学生。这个想法挺疯狂的。我想哈佛大学的每个人应该都是风趣幽默、聪明能干的。哇，在哈佛大学的日子一定会很棒。我太激

① “史蒂芬·鲁道夫”为化名。

动了。”

而他上了大学之后的遭遇就和卡洛琳·萨克斯一样。再次听到这样的故事时，我们也就更加清楚印象派画家所取得的成就有多大了。他们都是艺术天才。他们以一种罕见的智慧来看待这个世界。他们透过那些被我们称为“优势”的东西，看清了它们的本质。莫奈、德加、塞尚、雷诺阿和毕沙罗都选择了他们的“第二志愿”。

到底史蒂芬·鲁道夫在哈佛大学经历了什么事？我想你能猜到。他大三时选修了量子力学这门课。“我学得不是很好，”他承认道，“我记得我应该是得了一个B–。”他从没得过这么低的分数。“我觉得要么是自己不够认真，要么就是自己不够优秀。我想，只有成为这个领域的佼佼者，或者是擅长这个领域的天才，我才有继续下去的意义。我的一些同学看起来学得比我快。你知道的，这个时候你就会注意他们，而不是注意那些比你差的同学。”

“我对材料特别感兴趣，”他接着说，“但我却感到自卑。你和别人一样坐在班级里，但你什么都不懂，你觉得‘自己永远也搞不明白这些东西’。你整理出了错题集，这些你搞懂了一点儿，那些你又搞懂了一点儿，但你永远都觉得其他同学懂的比你多。我想哈佛大学就是这样的，这里有那么多聪明人，于是在这里你很难觉得自己也是聪明人。”他后来放弃了这门课。

“你知道吗，解决某个数学难题会给人以满足感。”鲁道夫突然说道，脸上带着一种拥有强烈渴望的表情。“你碰到了一个难题，刚开始你不知道如何解答。但你确信一定有某种规律可循，你一定会有办法的。通常，在这个过程中，你会碰到比先前更棘手的问题，然而最终的答案却很简单。在解题的过程中，你会获得某种乐趣。”鲁道夫去了他想去的学校。但他是否得到了自己想要的东西？“总的来说，我还是挺开心的，因为我认清了事实。”他说完便笑了，那笑容带着一丝丝苦涩。“至少我是这样告诉自己的。”

大三结束时，鲁道夫决定参加法学院的考试。从法学院毕业后，他去了曼哈顿的一家律师事务所工作。哈佛大学让世界损失了一名物理学家，却带来了一名律师。“我学的是税法。”鲁道夫说，“说来还真有趣，有相当一部分学数学和物理的人最终都转去学税法了。”

第二部分

值得经历的困难

我的身上有一根刺，它是撒旦的信使，是来折磨我的。我求了上帝三次，求他拔掉那根刺。但是上帝对我说："我的恩典足够你用的。我的力量会使弱点变得完美。"因此我要欣然夸耀我的弱点，这样基督的力量才会停留在我身上。因为基督，我在弱点、羞辱、艰苦、迫害和困境中感到快乐。因为当我懦弱的时候，就是我强大的时候。

哥林多后书 12：7-10

4

补偿学习：局外人的优势

在一个精英较少、较没有特权的环境中，做一个局外人能够使你获得更多。

1

如果你对一个有阅读障碍的人进行脑部扫描，你会发现一些看似奇怪的图像。在大脑的一些关键部位——那些负责阅读和文字处理的区域——阅读障碍患者的灰质比正常人的少。在这些区域中，他们没有足够的脑细胞。胎儿在子宫里发育的时候，神经细胞会到达合适的大脑区域，就和棋盘上的棋子一样。但基于某些原因，阅读障碍患者的神经细胞有时候会“迷路”。于是它们去了错误的地方。大脑有一个脑室系统，从功能上来说，它是大脑的入口和出口。一些有阅读障碍的人，他们的神经细胞滞留在脑室，就像乘客滞留在机场一样。

在大脑图像生成的过程中，病人要完成一项任务。神经科学家会依此分析这项任务是由大脑的哪个部位控制的。如果你让阅读障碍患者在做脑部扫描时进行阅读，大脑负责阅读的这部分会亮起，但不会全部亮。脑部扫描图像看起来就像处于黑暗中的城市的航拍图片。相比正常人，阅读障碍患者在阅读时使用的多是右脑。右脑负责形象思维。如果一个人无法完成阅读这类细致、缜密的任务，就代表其大脑出现问题了。有时，阅读障碍患者阅读的时间会比较长，像是大脑负责阅读的不同区域正通过某种微弱的联系进行沟通。测试小孩子是否患有阅读障碍的方法之一就是“快速自动命名”。给他看一种又一种的颜色，先是红点，跟着是绿点，接着是蓝点，最后是黄点，看看他的回答是否正确。看这些颜色，然后认出颜色，给每种颜色命名，把颜色的名字说出来。大部分人不假思索就可以回答这些问题，但对阅读障碍患者来说并不是这样的——在这个过程中，这四个步骤之间的联系失灵了。你问一个四岁的孩子“你读‘bage’这个词的时候能不读‘b’吗？”又或者，让他听三个字母：k、u、o，问他“你能拼出‘kuo’吗？”再或者读“bo”、“po”和“me”，问他“哪个音节没有押韵”。对大部分的四岁孩童来说，这些问题很简单。然而这对阅读障碍患者来说却很难。过去，有许多人认为阅读障碍患者就是会将词语颠倒，如把“小猫”看成“猫小”。由此认为，阅读障碍患者似乎只是不懂得看单词罢了。然而事情远比这复杂。阅读障碍患者的问题在于其听觉和处理声音的能力。“ba”和“da”这两个音节之间的区别其实很小，就发生在音节的前 40 毫秒。人类语言是在假设我们可以分辨这 40 毫秒区别的基础上形成的。“b”和“d”两个音听起来的区别之大就像黑白分明的是与非。你能想象一个反应迟钝的大脑，在碰到“排山倒海”的单词时，这 40 毫秒对他来说有多快吗？

“如果你对语言的声音没有概念，如果你听漏了一个字，听漏了一个音，你不知道该怎么办，那么你就很难清楚地发出书本上那些字的音。”来自哈佛大学的阅读障碍研究者纳丁 · 加伯（Nadine Gaab）

如此解释道，“这样的话，你得花一些时间才能学会阅读。你读得慢，也就影响了阅读的流畅度，以及对内容的理解程度。由于你读得太慢了，当你读到句末的时候，你已经忘了句子的开头。如此，这些问题就一直持续到初中或者高中时期，这时候它就会影响你的学习成绩。你无法阅读，那你如何去做那些有大量文字的数学试卷？你如何去参加社会知识这门课的考试？光是阅读他们出的试卷你就得花两个小时！”

“通常情况下，一个人在八九岁的时候就能被诊断出是否有阅读障碍。”加伯接着说道，“研究发现，那个时候患者就已经出现许多严重的心理问题了。因为在此之前，他们已经苦苦挣扎了三年。也许四岁的时候，你还是一个酷小孩。当你上了幼儿园之后，其他的小朋友都开始学习阅读了，你却发现自己读不懂。你觉得灰心丧气，你的同学会认为你是笨蛋，你的父母则认为你在偷懒。你很自卑，因此变得更绝望。有阅读障碍的孩子因为调皮捣蛋，大部分都会被少年司法系统追究责任。他们调皮捣蛋是因为他们想把事情弄明白。在我们这个社会，阅读是很重要的。”[1]

所以，你是否希望你的孩子有阅读障碍呢？

2

到目前为止，本书让我们知道了在什么时候我们会误解优势的本质。现在是时候将注意力转向另一方面了。我们说“劣势”时，我们想表达什么意思？传统的观点认为，劣势就是人们应该避免的东西，这是一种阻碍，或者是一种困难，会让你变得越来越不好。但事实并不总是如此。在接下来的章节中，我想向大家解释的是一些被称作“值得经历的困难”的事。这个概念由罗伯特·比约克（Robert Bjork）和伊丽莎白·比约克（Elizabeth Bjork）提出。他们是加利福尼亚大学洛杉矶分校的心理学家。我们可以通过这个极好的方法理解弱者是如何获胜的。[2]

现在，请先想想下面的问题。

1. 球拍和球的总价是 1.1 美元。球拍比球贵 1 美元。一个球要多少钱?

你的本能反应是多少？我猜，球的价格一定是 10 美分。但这个答案是错的，对不对？球拍比球贵 1 美元，如果球的价格是 10 美分，那球拍的价格就是 1.1 美元，两者相加的价格就超过总价了。正确的答案是 5 美分。

再看其他的问题：

2. 5 台机器 5 分钟可以生产 5 个部件，那么 100 台机器生产 100 个部件需要多长时间?

基于问题设置的原因，你可能会立马回答是 100 分钟。但这是一个陷阱。100 台机器生产 100 个零件所用的时间与 5 台机器生产 5 个零件的时间是相等的。所以正确答案是 5 分钟。

这是世界上三道最短的智力测试题中的两道。[①] 它们被称为“认知反射测试”（Cognitive Reflection Test，简称 CRT）。由耶鲁大学的教授沙恩·弗雷德里克（Shane Frederick）设计，用于测试你对看似简单、实则复杂的问题的理解能力，以及将直觉的答案转变成更深刻的逻辑判断的能力。

弗雷德里克指出，如果你想根据个人的基本认知能力对人们进行分类的话，他的测试和那些需要花几个小时做完的几百种测试一样有效。为了证明这个观点，弗雷德里克对美国 9 所高校的学生进行了认知反射测试。该测试结果与这些高校学生做的传统智力测试的结果十分相近。[②] 麻省理工学院也许是拥有世界上最聪明的学生的一所学府，他们的学生平均可答对 3 道题中的 2.18 道，答对 1 题得 1 分的话，也就是 2.18 分。匹兹堡的卡内基梅隆大学是另一所著名学府，其学生的平均得分为 1.51 分。哈佛大学的则是 1.43 分，密歇根大学安阿伯分校的是 1.18 分，托莱多大学的是 0.57 分。

认知反射测试很难。恰恰就是这点令人觉得奇怪。你知道提高测

---

① 事实上，还有一个更简短的测试。阿莫斯·特维斯基（Amos Tversky），现代最著名的心理学家之一，他特别聪明。于是他的朋友设计了“特维斯基智力测试题”：你越快发现特维斯基比你聪明，你就越聪明。亚当·奥尔特（Adam Alter）跟我说起过“特维斯基智力测试题”，他对此评价颇高。

② 为了证明自己测试的是智力而不是其他，弗雷德里克将 CRT 分数与其他因素联系了起来。“分析结果显示 CRT 分数与更喜欢苹果还是橘子、百事可乐还是可口可乐、啤酒还是红酒、摇滚音乐会还是芭蕾没有联系。”他写道，“然而，CRT 分数对人们选择《人物》杂志还是《纽约客》杂志的影响是显而易见的。在 CRT 分数较低的群体中，67% 的人会选择《人物》杂志。在 CRT 分数较高的群体中，64% 的人会选择《纽约客》杂志。”（我是《纽约客》杂志的作者之一，所以不用我多说了吧？）

试分数的最简单方法是什么吗？那就是提高测试的难度。几年前，心理学家亚当·奥尔特和丹尼尔·奥本海默（Daniel Oppenheimer）在普林斯顿大学的学生中做了这类研究。刚开始，他们使用的是普通的认知反射测试，这些学生平均可以得到 1.9 分。这已经很好了，只比麻省理工学院学生的平均分 2.18 低一点儿。而后，奥尔特和奥本海默将测试题用一种很难看懂的字体打印出来：Myriad Pro 字体，10% 的灰度，斜体，10 号字。看起来就像下面这样：

1. 球拍和球的总价是 1.1 美元。球拍比球贵 1 美元。一个球要多少钱？

这次的平均分为多少？ 2.45 分。这些学生突然做得比麻省理工学院的学生好了。

很奇怪，对吧？通常我们都认为一个问题印刷得简单、明了时，更有助于我们解答这个问题。但是现在的情况完全相反。10% 的灰度、10 号 Myriad Pro 斜体字读起来特别费劲。你必须稍微斜着看，也许还要把句子读上两遍。读到一半的时候，你可能还会想究竟是谁认为这样打印测试题是一个好主意。突然你就意识到，自己得读题了。

做这些额外的工作是值得的。就像奥尔特说的，这些看起来“不那么流畅”的问题反而能让人“去思考更深层次的东西。他们会花更多的精力，更深入地挖掘，认真地思考。如果他们克服了这些障碍，当你强迫他们想得更深入时，他们也就能做得更好了”。奥尔特和奥本海默让 CRT 变得更难了，但是经历这种困难却是值得的。[3]

当然，并不是所有的困难都会让人心存希望。卡洛琳·萨克斯在布朗大学遭遇的有机化学课程危机便是一种不受欢迎的困难。她勤奋好学，是一个喜欢科学、有天分的学生。但在她觉得受到打击，信心不足时，这些却没能给她带来一点点的优势。努力并没有让她重新喜欢上科学，反而让她害怕并远离了科学。但在某些特定的时间和地点，某些看似阻碍、会削弱弱者机会的事物会像奥尔特和奥本海默的拥有 10% 的灰度、10 号 Myriad Pro 斜体字一样，发挥正面的作用。

阅读障碍会是一种值得经历的困难吗？人们很难相信它是。要知道，有很多人，他们一生都要同这种阅读障碍搏斗。但却存在这样一个奇怪的事实：有相当一部分成功的企业家都是阅读障碍患者。伦敦城市大学的朱莉·罗根（Julie Logan）通过近期的研究报告指出，该比例约达 1/3。在这份成功的阅读障碍企业家名单上，许多过去几十年来最著名的创业家都榜上有名。英国亿万富豪理查德·布兰森（Richard Branson）就是一个阅读障碍患者。嘉信理财的创办人查尔斯·施瓦布（Charles Schwab）也是阅读障碍患者。手机开发者克雷格·麦考（Craig McCaw），美国捷蓝航空公司创办人大卫·尼尔曼（David Neeleman），科技巨头思科的首席执行官约翰·钱伯斯（John Chambers），金考快印创办人保罗·欧法利（Paul Orfalea），等等，都是阅读障碍患者。这里只列举了其中的一小部分。神经学家沙伦·汤普森-希尔（Sharon Thompson-Schill）曾在某著名大学的捐赠人会议上演讲。这些捐赠者无一不是成功的企业家。在演讲期间，她一时兴起，便问在场的企业家有多少人曾是阅读障碍患者。“一半的人都举手了，”她说，“简直令人难以置信。”[4]

关于这个事实，会有两种可能的解读。第一种是尽管这些成功人士有一定的缺陷，但他们依然获得了成功：他们聪明，富有创意，因此没有任何事物——包括他们一生都要与之做斗争的阅读障碍——能阻挡他们走向成功。第二种解读更有趣：也许他们的成功要部分归功于他们的缺陷，因为他们在与缺陷做斗争的过程中学到了不少东西。事实证明这种缺陷是一种巨大的优势。你是否希望你的孩子有阅读障碍呢？如果第二种可能性存在的话，也许你会希望如此。

3

大卫·博伊斯从小在伊利诺伊州乡下的一个农场长大。他是家里五个孩子中的老大。他的父母是公立学校的教师。在他很小的时候，母亲就念书给他听。他看不懂书上的文字，但却能记得母亲给他念的内容。一直到小学三年级，他才开始阅读。但他读得很慢，读的过程也困难重重。多年以后，他才意识到自己有阅读障碍。只不过那时候，他觉得自己并没有问题。他住在乡下，那里的人并不是很看重阅读。他的许多同学一旦在农场找到工作，便都辍学了。博伊斯喜欢看漫画书，因为这类书容易看懂，有许多图片。看书对他并非易事。一直到今天，他一年也许就只能读一本书。他也看电视，什么节目都看。他笑着说：“它在动，彩色的。”他的词汇量有限，通常会使用简单的词语和简短的句子。有时候在大声诵读过程中会遇到一些不懂的词，他都会停下来，慢慢地将它们拼出来。“一年半前，妻子给我买了一个 iPad。这是我拥有的第一台类似电脑的设备。接着就发生了一件很好玩的事，我拼出来的单词与电脑里的拼写检查软件里的单词差太多，因此我常常都找不到正确的拼法。”博伊斯说，“你都不知道我接到多少条这样的提醒：‘无匹配单词。’”

博伊斯高中毕业时并没有什么远大的志向。他的成绩很差。当时，他们一家搬到了加州南部。适逢当地经济快速发展，博伊斯很快在建筑公司找到了一份工作。“是室外工，我要和其他资历老的工人一起干活。”博伊斯回忆道，“当时我赚的钱比我想象中的要多。太有趣了。”之后，他又去银行当了一段时间的会计，那期间，他经常打桥牌。“当时的生活很愉快。我继续这样过了一段日子。但自从我们的第一个孩子出生，我妻子就开始认真考虑起我的将来了。”她从社区大学带回了一些宣传册。博伊斯记得自己小时候对法律特别着迷，于是决定去读法学院。今天的大卫·博伊斯成了世界上最著名的律师之一。

博伊斯到底是怎样从一个只有高中教育程度的建筑工人变成顶级律师的？我们至今仍不得而知。要学法律就必须学会阅读，因为他们要通过阅读理解案例、观点并进行学术分析。而对博伊斯来说，阅读是很难的一件事。但他竟然考虑去学法律！这个想法看起来太疯狂了。但是别忘了，既然你在读这本书，那么你就是一个读者，也就意味着你极有可能不会想到绕开阅读的捷径、策略及旁门左道。

雷德兰兹大学是一所小型的私立学校，位于洛杉矶东部，距离博伊斯家只有一个小时的车程。博伊斯就在这里开始了他的大学生活。雷德兰兹是一个“小池塘"，博伊斯在这里如鱼得水。他学习特别努力，充分利用了学习机会，因为他知道自己必须这么做。然后，幸运之神眷顾了他。想从雷德兰兹大学毕业的话，就必须修完一系列核心课程，而这些课程的阅读量都很大。刚好那些年，学校规定学生可以在未拿到大学学位的情况下申请法学院。于是大卫跳过了那些核心课程。他说："我还记得，当我知道自己没毕业也能申请法学院时，我简直不敢相信！这太棒了。"

当然，上了法学院就意味着阅读量更大了。但他找到了一些重大案件的总结，这些总结提炼出了美国最高法院对案件的判决，内容不过一两页。"也许有人会告诉你，这在法学院是行不通的。"他说，"但它确实是可行的。"此外，他还是一个很好的听众。"听是我这辈子最重要的事。我要学会听，因为这是我唯一得以学习的方式。人们说什么我都记得，我还能记住他们用的词语。"因此，他坐在了法学院的教室里。其他人奋力做笔记，在纸上乱涂乱画，做白日梦的时候，他把听到的东西都记了下来。从这点来说，他的记忆力是一种不可思议的工具。他很小就开始锻炼自己的记忆力。他能记住妈妈给他念的内容。而其他同学，他们在做笔记、乱涂乱画，出神时会错过一些内容。他们的注意力是分散的。而博伊斯没有这种问题。也许他做不了一个读者，但他会听。事实证明，读不好并不是一种劣势，而是一种更有价值的东西。起初他在美国西北大学法学院学习，而后转学去了耶鲁大学。

博伊斯成为律师之后，并没有选择去公司当律师。去公司当律师要看堆成山的文件，还要理解 367 页脚注里每一个字的意思。于是，他成了一名诉讼律师。这是一份可以让他独立思考的工作。他把要说的东西都记了下来。出庭期间，当他遇到一个念不出来的单词时就会结巴。这时他便会停下来，像个孩子一样拼出那个词。这种做法令人尴尬，甚至比一个真实存在的问题更让人觉得古怪。20 世纪 90 年代，他带领原告及其律师团控告微软公司违反反垄断法。在诉讼期间，他总是把“login”（登录）说成“lojin”。这是阅读障碍患者常犯的错误。但他在盘问证人时，却表现得异常完美。因为他不会错过证人发言的任何细微变化、自我托词与措辞的异常之处，也不会漏掉一条来自证人的漫不经心的评论或泄密的自白。他记录并能回忆这些证词，不管证人是在一小时、一天还是一周之前说的。

“如果我能读得快一些，很多事做起来就容易多了。”博伊斯说，“这毫无疑问。但换个角度来看，因为我的阅读能力不行，所以我只能通过专心听讲、问问题来学习。这就意味着我必须简化问题，直抵问题的本质。这种做法会产生强大的力量，因为在庭审时，法官和陪审团都没有时间、精力去深究案件。我的一个优势就是将这些案件以通俗的方式展现出来，好让他们明白。”他的对手都是学者型律师。他们列出了有关案件的所有可能性分析。他们对这些材料都了然于心，然而他们却无数次地败给了细节。但博伊斯没有。

博伊斯经手的最著名的案件之一——霍宁沃思诉施瓦辛格案[①]，涉及加州限制同性恋婚姻的法律。博伊斯作为律师，主张该法律违反了宪法。审判过程中最令人难忘的一幕是，博伊斯成功地找到对方关键的专家证人大卫·布兰肯霍恩（David Blackenhorn）的证词漏洞，使

---

① 2010 年 1 月布兰肯霍恩出庭做证时，这件案子被称为“佩里诉施瓦辛格案”；2013 年在最高院审判时，改称“霍宁沃思诉施瓦辛格案”。

其承认了博伊斯指出的大部分案件事实。

“在诉讼准备过程中，你要告诉证人，让他在庭上做证的时候不要着急。即使你没必要这么做，你也必须做这件事。因为有时候你就是需要慢慢来，你不能让检察官看出你的语速变化，以防他看出你在哪一点上有所犹豫。就比如——你何时出生？”博伊斯认真、从容不迫地说道，“‘1941 年’，你没有说‘1941 年 3 月 11 日早上 6 点 30 分’，即便你并没有刻意隐瞒什么。不管问题是困难还是容易，你都希望自己回答的语气都一样，这样别人就无法从你回答问题的方式中看出什么问题对你来说容易，什么问题对你来说难以回答。”

当布兰肯霍恩回答问题时，他在某些关键时刻停顿过久，被博伊斯发现了。“我注意到他的语调、语速，还有他的用词。有时候他还会停顿。他停顿是为了思考怎么措辞。像这种人，你要是试探他，认真听他说话，你就会知道他什么时候会感觉到不安，因为在这些点上他会含糊其词。只要我能找到这些点，我就有办法让他承认案子的关键事实。”

4

博伊斯有一项特殊技能。通过这项技能，我们就可以知道他为什么善于此道了。他是一个极好的听众。现在请想想他是怎么练就这样一种技能的。大部分人对自己擅长的东西都比较热衷，这是很自然的事。就拿阅读来说，如果孩子没有阅读这方面的难处，他就会读很多，进而就会越来越擅长阅读，并最终在一个需要大量阅读的领域扎根。有一个叫作“老虎·伍兹”的小男孩儿，他的思想看起来与他的年龄极不相称。当他发现高尔夫球运动就是他想象中的那种运动后，他就开始练习打球。因为经常练习，他的球打得越来越好。打得越好，他就越喜欢练习……就这样持续进入良性循环。这就是所谓的“特长学习”（capitalization learning）：因为具有某方面的天赋，我们慢慢地变成了这方面的专家。

但是值得经历的困难却有着相反的逻辑。在 CRT 中，奥尔特和奥本海默通过这样一种方法：加大测试难度，强迫他们多思考，以弥补无法看清问题的“缺陷”，从而提高了学生的测试成绩。博伊斯因为存在阅读障碍，所以他会认真去听，并从中学习知识，以弥补自己无法从阅读中获取知识的缺陷。他努力地在弥补这种缺陷，因为他别无选择。他阅读能力差，所以他只能找到一种可以让他跟上别人脚步的方法。

大部分人的学习都是“特长学习”。这是一种既容易又理所应当的学习方式。如果你嗓音优美，音质完美，那么你就可以轻轻松松地进入教堂的唱诗班。与之相对的“补偿学习”（compensation learning）则是一种困难的学习方式。如果你们想和博伊斯一样——听母亲念书，记住她的话，然后再复述一遍——那你们就必须学会面对自身的局限；学会克服自己的局促，以及害怕丢脸的心理；学会专注，这样你才能记住那些词；还要学会为自己的完美表现而感到骄傲。然而，大部分有某种严重缺陷的人都无法真正做到这些。那些能做到的人就会变得比没有缺陷的自己更好，因为那些必须学的东西一定比那些轻易就能学到的东西更具威力。

那些功成名就的阅读障碍患者经常谈起自己的“补偿学习”过程。“上学太可怕了。”一个叫布莱恩·格雷泽（Brian Grazar）的人告诉我，“我的情绪总是在变化，我总是很焦虑。我要花很长时间才能做完那些简单的家庭作业。一天有好几个小时我都在做白日梦，就因为我看不懂那些词。就是那种感觉：你发现自己坐在某个地方一个半小时，但却什么也没做。我念七年级、八年级、九年级、十年级时得到的成绩几乎都是F，偶尔能得到一个D或C。因为母亲不同意学校让我留级的决定，我才得以升学。”

格雷泽是如何毕业的？在每次小测验或考试之前，他都会制订计划和策略，念小学的时候也是如此。“小测验或考试的前夜我都会跟别人待在一起。”他说，“‘你会干什么？你会如何回答老师的问题？’我会试着去猜老师可能问的问题。如果有办法可以提前知道那些问题，我会照做。”

上高中的时候，他的策略就更完善了。“我质疑我的每一次成绩。”他接着说，“每次我收到成绩单知道自己的分数后，我都会去找老师，逐一和他们核对。我会同老师争论，让他把D改成C，把C改成B。几乎每一次——90%的情况下——老师都会给我修改分数。我一直缠着他们，他们没办法，只好给我改了。我特别擅长做这样的事。于是我渐渐有了信心。我知道在大学里，我要开始和教授们磨嘴皮子了。所以我要学习，我学着去做任何一件可以推销自己的事。这真的是很好的训练。”

当然，所有称职的父母都会教孩子如何去说服别人。然而一个能够很好地适应社会的正常孩子并不需要认真地学习这门课。假如你在学校得的都是A，你就没必要为了及格而去跟老师谈判，也不会像一个9岁的孩童一样六神无主，还得计划着怎么熬过接下来的一个小时。格雷泽在练习谈判时就像博伊斯在练习听力时一样，他已经有了一件利器。他日复一日、年复一年地练习谈判。格雷泽说这是"很好的训练"，他的意思是，学会以一个弱者的身份去和强者对话，这对他日后的职业十分有益。如今，格雷泽是好莱坞过去30年来最成功的电影制片人之一。[①] 如果布莱恩·格雷泽不是阅读障碍患者的话，他今天又会变成什么样的人呢？

5

让我们来进一步挖掘神经功能障碍和成功职业生涯之间的这种奇特联系。在介绍"大池塘"时，我提到过：在一个精英较少、较没有特权的环境中，做一个局外人能够使你获得更多实现自我价值和追求学术兴趣的自由。假如卡洛琳·萨克斯选择的不是第一志愿的学校，而是第二志愿的学校，那么她从事自己热爱的职业的可能性会更大。同理，如果印象派画家们没有选择举办自己的展览，他们的作品可能就会被挂在那些无人问津的小画廊里，而不是那些顶级的美术展览会上。

阅读障碍患者也是局外人。在学校里，他们因为达不到学校的要求，被迫远离其他的同学。这种"局外人主义"（outsiderness）是否

① 格雷泽制作的电影有《美人鱼》《阿波罗13号》《美丽心灵》《8英里》。我在《眨眼之间》一书中讨论演员时也提到了他。

有可能给他们带来某种完全的优势？在回答这个问题之前，我们先看一下那些发明家和企业家的个性特点。

心理学家通过所谓的“大五人格模型”（Five Factor Model），或称“大五人格”理论来定义人格。[①]我们可以根据以下的描述来评估自己：

神经质

（敏感 / 紧张 vs. 安全 / 自信）

外向性

（有活力 / 爱交际 vs. 孤独 / 矜持）

开放性

（有创造力 / 有好奇心 vs. 遵守惯例 / 谨慎）

尽责性

（有序 / 勤劳 vs. 随意 / 粗心）

随和性

（合作 / 移情 vs. 自私 / 对抗）

心理学家乔丹·彼得森（Jordan Peterson）指出，发明家和革新者多为混合性格——尤其是后面三种性格：开放性、尽责性、随和性。

发明家一定要具备开放性。他们要能想出其他人想不到的事，愿

---

① “大五人格”是社会心理学家用来定义人格的标准。社会学家一向不热衷于性格测试，如迈尔斯-布里格斯测试。因为在他们看来，这类“外行的”测试忽略了人们的关键特征，误解了人的性格。

意挑战他们的先入为主之见。他们还要具备认真、负责的品质。一个拥有好主意却缺乏将主意变成现实的自律和坚持的发明家只能是一个梦想家。这是显而易见的。

而最关键的是，发明家必须是“不随和”的。我这里说的并非粗鲁或者令人讨厌。我的意思是，他们处在“大五人格”理论中“随和性”的边缘。他们这类人愿意承担社会风险，做那些别人可能不会认同的事。

这并不是一件容易的事。在我们的社会中，“不随和”是不为人们所接受的。人类生来就有寻求周围人的认可的需求。如果没有挑战传统的意愿，一个激进、具有变革意义的想法将难以付诸现实。“如果你有一个新想法，这个想法具有破坏性，而你又一向随和，你该怎么办？”彼得森问道，“如果你担心伤害别人、扰乱社会秩序，你也就不会去实现自己的想法了。”就像剧作家萧伯纳所说的：“理性的人让自己适应社会，非理性的人总是坚持让社会适应自己。所以，所有的进步都得靠这些非理性的人。”

彼得森在论证观点时列举了瑞典家具零售商宜家公司的例子。这家公司由英瓦尔·坎普拉德（Ingvar Kamprad）创立。他的伟大的革新之处在于他发现家具的价格大多是由组装这一环节拉上去的：给桌子安桌腿不仅要多花钱，而且还会使桌子的运费变得十分昂贵。所以他决定出售那些未组合的家具，运输时只要装在平盒里就可以了，运费也便宜。此外，他出售的家具价格也比竞争对手的低。

然而，在20世纪50年代中期，坎普拉德曾一度陷入困境。瑞典家具制造商联合起来抵制宜家。宜家的低价惹怒了他们，他们决定不做宜家的订单。宜家几近破产。在绝望之际，坎普拉德将目光转向了南方。从瑞典经过波罗的海后便可到达波兰，而波兰是一个劳动力更廉价、木材更丰富的国家。这体现了坎普拉德的开放性：在 20 世纪 60 年代早期，几乎没有公司开展这种外包服务。之后坎普拉德就将工作重心放在了与波兰的联络工作上。这在当时并不容易。20 世纪 60 年代，波兰国内一片混乱。它没有基础设施，没有机器，也没有训练有素的工人。而且在这里，其他国家的利益也得不到法律的保护。但是坎普拉德成功了。“他是一个事必躬亲的老板。”彼得森国际经济研究所的研究员安德斯·艾斯仑德（Anders Aslund）说道，“这就是他取得成功而别人失败的原因所在。他去了条件恶劣的国家，确保一切都运行正常。他是一个非常顽强的人 。”这是尽责性的体现。

坎普拉德的这个决定中最不寻常之处在哪里？是他转向波兰的时间。那是 1961 年，柏林墙建立，冷战到达顶峰。这一年，由于古巴导弹危机，东西方世界处在核战边缘。而坎普拉德并不怕这些，他不在乎别人怎么看他。这是“不随和性”的体现。

只有极少数人会想出那种将家具放在扁平盒子里运输的创意，同时还懂得在面对外界联合抵制时采取外包服务这种方式。而拥有这种眼界，具备在经济如一潭死水时建造一家一流制造公司的自制力的人就更少了。那些有创意、认真负责且拥有公然和冷战状况对抗的强大思想的人呢？少之又少。[5]

有阅读障碍并不一定会使人们变得更开放，更认真负责（虽然也有这种可能）。阅读障碍最吸引人之处，是它有可能让人更容易变得“不随和”。

6

加里·科恩（Gary Cohn）在俄亥俄州东北部克利夫兰的郊区长大。他的家族是经营电气承包业务的。那是20世纪70年代，阅读障碍症还不是一种常见病症。因为不会阅读，科恩小学留了一级。[①]但他说："然而，我第二年并没有比第一年学得好。"他缺乏自制力。"我被学校开除了，"他解释道，"我想，要是你打老师的话，你也会被开除的。这只是其中一件扰乱学校秩序的事……我被骂了。老师把我塞进她的桌子底下，然后把椅子推进去撞我。我把椅子踢出去，朝她的脸扔了过去，然后走掉了。当时我读四年级。"

他说这是他生命中"糟糕的几年"。他的父母不知道该怎么办。"那大概是我生命中最沮丧的时候吧，我说过好多次了。"他接着说，"其实并不是我不努力。我真的很努力了，但没有人明白光我努力没用。他们理所当然地认为我是下定决心要当不守规矩的孩子，不学习，故意拖班级后腿。你能理解那种感受吗？你六七岁或者八岁的时候，去公立学校上学，学校里的每个人都认为你是笨蛋。于是你试着做一些滑稽的事，为的是得到人们的一点儿尊重。你试着每天早上起来都对自己说'今天会更好'。但当你坚持了几年后，你才发现今天跟昨天是一样的，没有任何区别。我要努力，我要毕业，我要活下去。我们走着瞧。"

---

① 应该说明的是，阅读障碍只会影响阅读，科恩的算术能力并未受到影响。科恩说，小时候唯一相信他的人是他的祖父。他的祖父发现小加里将他们家族管道企业的库存情况全部记在了脑子里。

他的父母带他去了一所又一所学校。“我母亲就想让我读到高中毕业。”科恩说，“我想如果我问她的话，她会说：‘我这一生最快乐的一天就是看到他高中毕业的那天。之后他去开火车都行。但至少他得有一张高中文凭。’”科恩毕业那天，他母亲泪如泉涌。“我长这么大，还从没看到谁哭得那么凶。”他说。

加里·科恩在 22 岁时找到了一份工作：在克利夫兰为美国钢铁公司销售铝墙板和窗框。当时，他刚刚从美利坚大学毕业，成绩平平。感恩节前一天，他去长岛参观公司营业部时，说服经理给他放了一天假。于是他就去了华尔街。几年前，他曾在当地的一家公司实习，因此对股票交易产生了兴趣。他去了商品交易所。当时的商品交易所是旧世界贸易中心的一部分。

“我想我得找一份工作，”他说，“但我无从下手。这里封得严严实实的，我根本进不去。于是我走上了观景台，看着那些工作人员。我在想，我是不是可以跟他们搭话？于是我走下观景台，到了一楼，站在安全门前面，一副像是有人会给我开门的样子。显然，没有人来给我开门。市场休市后，我看到一个穿着整齐的员工朝一楼跑去，边跑边对他的同事说：‘我得走了，要去拉瓜迪亚。我要迟到了，到机场我再打给你。’我进了电梯，对他说：‘我听说你要去拉瓜迪亚。’他回答我‘是的’。我于是就说：‘能一起打车吗？’他说‘可以’。太棒了。在周五下午这种交通高峰期，我竟然可以坐在出租车里，为自己找到一份工作。”

这个同科恩乘坐同一辆出租车的陌生人偶然进了华尔街的一家大经纪公司。也就在那周，那家公司开拓了一项买卖期权的业务。

“这个人负责期权交易，但他完全不知道期权是什么。”科恩接着说，并肆无忌惮地笑了出来。“去机场的路上我一直在骗他。他问：‘你知道期权是什么吗？’我回答：‘当然知道了，我什么都知道，我什么都能做。’下车的时候我要了他的电话号码。他说：‘周一给我打电话。’于是我周一就给他打电话了。周二还是周三我又飞去纽约，进行面试。紧接着的周一我就开始工作了。在那段时间里，我读了麦克米伦的《期权投资策略》，这本书简直就是期权交易界的《圣经》。”

显然，读书对科恩来说并非易事。科恩估计，他看22页书得花上6个小时。[①] 他把自己埋在书里，一字一句地看，不停地复述句子，直到搞懂它的意思。等到他要工作时，他已经做好准备了。“我就是幕后的那个人，告诉他‘买进这个，卖出那个，卖出那个’，”科恩说，“我从不向他解释原因。也许他知道。其实不管他是否知道都无所谓，他不在意这些。因为我帮他赚了很多钱。”

刚开始在华尔街工作的那段时间并没有让科恩觉得羞耻。但如果你认为他对此感到骄傲的话，那你就错了。他很聪明，他知道在第一份工作中应该极力夸大自己。这并不是一种谄媚的做法。相反，他说得很诚恳：“这就是我”。

科恩在出租车里需要扮演一个角色：假装自己是一个有经验

---

① 这章很长。如果加里·科恩想要自己读的话，他就必须坐下来，腾出一段时间来。“要想真正明白书中的内容，读懂它，理解它，我得查每一个认识的词。但我查了词之后才发现，啊，这个不是词，我看错了。而我已经连续三天，每天都花两个小时来查这个所谓的‘词’了。”他说。他是大忙人。这种事不可能发生的。“希望这本我不会看的书可以卖得很好。”采访快要结束时，他笑着说。

的期权交易商，但其实他不是。大部分人都做过这样的事。我们不习惯扮演别人，只习惯扮演自己。但科恩从小学开始就擅长扮演别人。“你六七岁或者八岁的时候，去公立学校上学，学校里的每个人都认为你是笨蛋。于是你试着做一些滑稽的事，为的是得到人们的一点儿尊重。”做一个小丑，总比做一个笨蛋强。如果你一生都要扮演别人，那在一辆开往拉瓜迪亚的出租车上极力夸耀自己又能有多难？

更重要的是，我们中的大部分人都不会跳上那辆车，因为我们害怕那些潜在的社会后果。那个华尔街的工作人员可能会看穿我们，然后在华尔街到处散播这件事，说有一个不知天高地厚的毛小子竟然跑来这里冒充期权交易员。我们还可能被赶下车。我们会灰溜溜地回到家，发现自己真的成不了期权交易员。周一早上上班时，我们将这件事讲给同事听，自嘲一下。然后再混个一周，或者一个月，就被炒鱿鱼。跳进出租车是一种“不随和”的行为，而大部分人都想做“随和”的人。但是科恩呢？他当时是铝墙板销售员。对他母亲来说，他能当个火车司机就不错了。他被学校开除，被别人当成笨蛋。成年以后，他读 22 页书还要花 6 个小时，就因为他得读懂每个字，才能明白书里讲的是什么。他不怕失败，因为他压根儿没什么可失去的。

“我的成长经历让我学会了如何轻松面对失败。”他说，“很多有阅读障碍的人的身上都有一种特质，就是当我们走出校门之后，我们更懂得如何面对失败了。我们在面对大部分状况时，更多的是往积极方面，而不是消极方面想。因为我们早已习惯了那些消极面，所以我们不怕。我经常思考这个问题，真的。阅读障碍把我塑造成了现在的样子。如果没有阅读障碍，我不知道自己会变成什么样子，我也许不会抓住第一次的机会。”

在最好的情况下，阅读障碍能激发出你身上某种还在“休眠”的技能。它会迫使你做那些你从来没想过的事情，就像坎普拉德那样进军波兰，或者与一个你不认识的人拼车，然后扮演他人。正如你所想，坎普拉德也有阅读障碍。事实证明，加里·科恩是很厉害的交易商。在商业世界，学会如何面对失败对一个人的职业生涯来说是非常重要的。2006—2018 年，科恩一直担任高盛的总裁。

5

士气的结构：灾难的两面性

惨痛的经历在深刻伤害某个群体的同时，也让另一个群体变得强大。

1

在杰·弗赖雷克很小的时候，他的父亲突然过世了。弗赖雷克一家是匈牙利移民，在芝加哥经营一家餐馆。当时是1929年，股市崩盘之后，他们失去了一切。“我的家人在浴室找到了我父亲。”弗赖雷克说，“我想他是自杀的，因为他觉得孤独。他之所以来芝加哥，是因为他哥哥在这里。股市崩盘后，他哥哥就离开这里了。他还有妻子和两个孩子，但身无分文，餐馆也没了。他一定非常绝望。”

弗赖雷克的母亲在一家血汗工厂做事，负责缝制帽檐。一顶帽子可以赚两美分。她的英语不怎么好。“她一天要工作18个小时，一周工作7天，因为这样她才能赚到足够的钱支付公寓的租金，”弗赖雷克接着说，“我从没见过她。我们的公寓位于洪堡公园西侧，边上就是贫民窟。因为她不能把两个幼儿（一个两岁，一个五岁）单独留在家里，所以就找了一个爱尔兰移民女子来照顾我们，并给她提供食宿。从两岁开始，这位爱尔兰帮佣就成了我的家长。我们都很喜欢她。我把她当成我的妈妈。在我 9 岁时，我母亲遇到了一个匈牙利男人。那人失去了妻子，只有一个儿子。我母亲嫁给了他。这是一桩权宜婚姻。那个男人不用亲自照顾自己的儿子，而我的母亲身边也缺少一个人。那个男人看起来尖嘴猴腮。我母亲辞了血汗工厂的工作，回到家中，他们再也请不起爱尔兰帮佣了，便把她解雇了。他们解雇了我的‘妈妈’。我永远也不会原谅我母亲的做法。”

他们一家搬到了另外一套公寓里。他们每周只能补充一次蛋白质。弗赖雷克还记得他挨个儿商店去找四美分一瓶的牛奶的情形。正常的一瓶牛奶要五美分，但他们买不起。他一整天都在街上闲逛。他学会了偷东西。他和姐姐并不亲近。姐姐看起来特别严肃，且很守规矩，一点儿也不友好。他不喜欢继父。最终这段婚姻还是没能维持下去。他也不喜欢自己的母亲。“她的思想都被那个血汗工厂毁了。”弗赖雷克说，“她让人觉得愤怒。她嫁给了这个丑陋的、带着拖油瓶的男人。那个哥哥夺走了我一半的东西。她还解雇了我的‘妈妈’……”他的声音渐渐变小了。

弗赖雷克坐在桌子旁边，穿着一件白色的外套。他说的都是些很久之前的事，然而却让人有种错觉，仿佛那些事刚刚发生不久。“在我的印象中，我母亲从来没有抱过我或者亲过我。她从来没提起过我父亲。我不知道我父亲对她好不好。我真的从没听她说起过他。你问我是否想过他是一个怎样的人？不止想过，我总是在想这个问题。我有一张他的照片。”弗赖雷克转了下椅子，坐到电脑面前，打开图片文件夹，点开其中一个文件。那是一张 20 世纪早期的照片，那个男人看起来跟弗赖雷克很像。“这是我母亲拥有的唯一一张他的照片。”

照片的边缘参差不齐，是从某张更大的家族照片中剪下来的。

我问起那个养育他的爱尔兰帮佣。她叫什么名字？他停顿了一下，他说话时很少停顿。“我不知道。等一下那个名字会突然跳出来，我确定。”他平静地坐在那里，神情专注。“我姐姐应该会记得，我母亲应该也记得。但是她们都不在人世了。我的亲人几乎都去世了，除了我的两个堂弟。”他又停了一会儿，“我想叫她玛丽。也许她就叫这个名字。可我的母亲也叫玛丽。我一定是搞错了……”

我们进行这段对话时，弗赖雷克已经84岁了。但若因此把年龄和记忆缺失联系起来，你就错了。杰·弗赖雷克并没有出现记忆缺失的症状。在某个春天，我对他进行了第一次采访；6个月后我又对他进行了第二次采访。在之后的每一次采访中，他都能准确无误地说出时间、名字和事实。如果他说到一些自己曾提到的细节，他会停下来，说一句：“我记得我之前跟你说过了。”他之所以忘记了那个养育他长大的女人的名字，是因为那些年对他来说太痛苦了，于是他的大脑便把那些记忆都藏了起来。

2

“二战”发生后的几年，英国政府忧心忡忡。只要一发生战争，德国空军就会对伦敦发动猛烈的空袭，英国军队的指挥官相信他们逃不过这一劫。当代最重要的军事理论家之一巴兹尔·利德尔·哈特（Basil Liddell Hart）曾预测，在德国空袭的第一周，伦敦的伤亡群众可达25万人。丘吉尔说伦敦是“世界上最大的一个目标，它就像一头肥大又值钱的母牛，被当作抓野兽的诱饵”。丘吉尔曾预言，面对空袭，伦敦人民会感到彷徨无助，大约会有三四百万的伦敦人逃到乡下。1937 年，在战争前夕，英国军队的指挥官发布了一份报告。在报告中，他们预测了伤亡人数：德军持续空袭将造成 60 万人死亡，120 万人受伤，并会引起人们的极度恐慌。市民会因此拒绝工作。工业生产会慢慢停滞。面对德军，英国军队几乎没有还手之力。而早在抵抗敌人之前，他们就先被征调去维护秩序，稳住几百万的恐慌群众了。国家领导人考虑在伦敦建立一个巨大的地下防空洞网，但他们最终放弃了这个计划，因为他们害怕如果真的这样做了，民众就再也不愿意走出防空洞了。他们在市区外建了一些精神病院，因为他们预计会有许多民众因战争伤亡而患上心理疾病。报告指出：“任何一个机会都会让我们输掉这场战争。”

1940 年秋，英国人早就预料到的袭击来临了。在 8 个多月的时间里（进行了连续 57 天的轰炸），德军飞机盘旋在伦敦上空，扔下了上万枚高能炸弹，引起了 100 多万起火灾。4 万人因此丧生，另有 4.6 万人受伤。100 万栋建筑被炸毁或有不同程度的损坏。在伦敦东区，所有街区都成了废墟。英国政府官员害怕的事都发生了。除了一件事：他们错估了伦敦人民的反应。

预料中的恐慌并没有出现。建在伦敦郊区的那些精神病院成了军用医院，因为没有人需要住精神病院。空袭开始时，大批妇女和儿童都被疏散到乡村。而那些需要留在城市的人大部分都留了下来。闪电战持续时期，德国的空袭越来越频繁，英国当局惊讶地发现人们不仅拥有面对爆炸的勇气，还在想办法进行一些反击。英国一名精神病医生在战后写道：

> 1940年10月，我开车去了伦敦东南部，那里刚刚遭受了一系列空袭。大概每100码就能看到一个炸弹坑，或是残存、坍塌的房子、商店。警报汽笛响了，我想看看发生了什么事。一名修女紧紧地抱住她手里的那个孩子在狂跑。好像只有我和她听到警报汽笛响了。男孩儿们还在路上玩儿；顾客还在讨价还价；一名警察正在指挥交通，脸上一副百无聊赖的神情；那些骑自行车的人无视死神和交通规则，径直骑了过去。我视野范围内的任何一个人都没有抬头看天空。

你也会觉得这一切令人难以置信吧。闪电战是一场战争。那些爆炸的炸弹弹片飞得到处都是，随时都有可能致命。每天晚上都有街区因为这些燃烧弹而发生火灾。100多万人因此流离失所。伦敦郊外的临时避难所一到晚上就有成千上万的人挤在那里。而外面，头顶上盘旋的飞机发出的噪声、爆炸声、防空枪的咔嗒声、救护车的警报声、开火声、警报汽笛声……此起彼伏。一份有关伦敦人民的调查结果显示，在1940年9月12日的晚上，有1/3的人没有睡觉，另外有1/3的人说他们只睡了不到4个小时。如果纽约有一栋办公楼被炸成废墟，而这种轰炸并不只是一时的，而是持续了两个半月，你能想象纽约人的反应吗？

对伦敦人的反应的一个典型解读，就是这是一种英式的“坚定沉着”——其实说的就是英国人那种坚忍的品质。（毫不意外，这也是英国人最喜欢的一种解读。）然而，具有坚忍性格的又何止英国人。其他国家的人民在面对爆炸时，也表现出了惊人的耐力。显然，爆炸并没有造成预料中的那种后果。原因何在？一直到战后，加拿大精神病专家 J. T. 麦克迪（J. T. MacCurdy）在《士气的结构》（*The Structure of Morale*）一书中解开了这个疑惑。

麦克迪指出，当炸弹落下来时，受到影响的人可被分为三种。第一种是被炸死的人，他们是那些体验过炸弹威力的人，显然，炸弹是一种最具破坏性的武器。但就如麦克迪所说的（这些话或许有些冷血）："一个群体的士气依赖于那些活着的人。所以从这点看来，那些被炸死的人无关紧要。按这种思路理解的话，事实也就显而易见了，死尸不会造成恐慌蔓延。"

他将第二种称为"侥幸脱险的人"：

> 他们感受过炸弹的威力，目睹了炸弹带来的毁灭性后果。他们害怕大屠杀。也许有的人受伤了，但他们具有强烈的求生意志。这种"强烈的意志"是爆炸所带来的恐惧的增强型反应。这种反应很可能导致"震惊"，这是一个宽泛的概念，包括目击恐怖场景引起的任何反应，如晕眩、目瞪口呆等。

第三种是远离灾难的人。这些人听到了警报，看到了头顶上盘旋的轰炸机，还听到了爆炸的声音。不过这些炸弹炸的是其他街区或隔壁街区。他们对轰炸袭击后果的看法与第二种人的完全相反。他们活下来了。第二次或第三次发生爆炸时，麦克迪写道，他们"兴奋，因为他们觉得自己不会受伤”。侥幸脱险会让人有一些皮外伤，远离灾难地点则会让人觉得自己不可战胜。

在那些经历闪电战而活下来的伦敦人的日记和回忆录中，我们能看到无数这样的例子。下面就是其中之一：

> 听到第一声警报时，我就赶紧带着孩子躲到花园的防空洞。我想我们要被炸死了。结果一阵清风吹过，什么事也没有发生。当我们从防空洞里出来的时候，我很确定再也没有什么可以伤得了我们。

再看看下面这个。这是一个年轻女人写的，她家的房子因为附近的爆炸而摇晃不止。

> 我躺在那里，心里有种难以言喻的幸福感和胜利感。“我被炸弹炸到了！”我一遍又一遍地对自己说。就好像我正在试穿一条新裙子，看它是否合身一样。“我被炸弹炸到了！……我被炸弹炸到了！——是我！”
>
> 昨天晚上又有很多人被炸死或炸伤了，说起来真悲伤。但是我长这么大，还从没感受过这么纯粹和完美的幸福感。

所以，为什么伦敦人不害怕闪电战？因为这个大都市里共有800多万人，而死亡的只有4万人，受伤的只有4.6万人，这说明那些远离灾难的人——因炸弹袭击而具有勇气的人——比那些受了外伤的侥幸脱险的人多。

“我们所有人不只会害怕，”麦克迪接着写道：

> 我们也会因为害怕而害怕，而克服恐惧会让我们狂喜……我们害怕自己会在遭受空袭时变得恐慌。而当空袭真的发生时，我们却会因为风平浪静的环境而窃喜，现在我们安全了，之前的担心、害怕与现在的宽慰形成了强烈对比。这种安全感会产生自信，这种自信就是勇气的源泉。

在闪电战期间，曾有人问一个纽扣厂的中年工人，他是否愿意去乡村躲避空袭。他在家门口经历过两次空袭，他和妻子始终安然无恙，所以他拒绝去乡村。

“什么？那样不就无法经历这么刺激的事情了？”他大声喊道，“那里又不是一定安全！不要再跟我提这件事了！永远也不要。”[1]

3

“值得经历的困难”理论说明，并不是所有的困难都只有负面影响。阅读量少会成为一种真正的障碍，除非你是大卫·博伊斯——能将这种障碍变成优势，让自己变成一个极好的听众；或除非你是加里·科恩——因为有这种障碍，而有勇气去抓住一些极难遇到的机会。

麦克迪的士气理论也是一种“值得经历的困难”理论，只不过其外延更为宽泛。德国袭击伦敦之所以会让温斯顿·丘吉尔和英国军队感到如此忧虑，是因为他们都认为类似爆炸这样的惨痛经历给每个人造成的影响是一样的，唯一不同的是侥幸脱险的人和远离灾难的人的受伤程度。

但在麦克迪看来，闪电战证明了一个事实：惨痛的经历会给人们造成两种完全不同的影响。这类经历在深深伤害某个群体的同时，也让另一个群体变得强大。那个纽扣厂的工人和自家房子因爆炸摇晃的年轻女人都因为他们的经历变得更强大了。对吧？他们处在战争中，他们无法改变这个事实。但在残酷的战乱时期，他们可以选择不害怕，继续过他们的生活。

阅读障碍就是这类经历的一个典型事例。很多有阅读障碍的人都没想过做些什么去弥补他们的“缺陷”。有很大一部分阅读障碍患者后来进了监狱，比如，那些无法完成最基本学习任务的人，他们被这类失败压垮了，于是就开始做一些出格的事；而对另外一些人来说——如加里·科恩、大卫·博伊斯等——这类神经功能障碍则带来了完全相反的影响。阅读障碍为科恩的生命打开了一扇窗户，让他远离了坐牢的悲剧和焦虑的心情。当然，这与他本身的条件也有关。他很聪明，而且家里有条件支持他，他还有一点儿小运气。因为拥有足够的资源，所以他可以抵抗阅读障碍带来的负面影响，最终成为一个更强大的人。我们常常会犯英国领导人那样的错误，断然认为那些恐怖、惨痛的经历只会带来一种影响。然而事实并不是这样的。这种经历会带来两种影响。现在，我们再来说说杰·弗赖雷克和他的那段他不允许自己记住的童年。

4

在杰·弗赖雷克 9 岁那年，他的扁桃体发炎了，身体十分虚弱。当地的医生罗森布鲁姆先生来到他们家，为他切除了发炎的扁桃体。“在那些年里，我从没见过男人。”弗赖雷克说，“我认识的只有一个女人。如果你看到一个男人，他浑身脏兮兮的，还穿着工装裤，你会想认识他吗？但是罗森布鲁姆先生不是这样的。他穿着西装，打着领带，看起来高贵而友好。于是我从 10 岁就开始梦想成为一位著名的医生。我以前从没想过任何有关职业的事。”

上高中时，弗赖雷克的物理老师告诉他，他也可以上大学，这给他的生命带来了一缕阳光。“我问老师：‘我该怎么做？’他说：‘如果你有 25 美元的话，我想你应该就能去上大学了。’那是 1942 年，经济情况已经比之前好多了，但人们还不是很富裕，25 美元不是一笔小数目。我甚至在想，我母亲应该也没见过这么多钱。我跟她说这事的时候，她只是跟我说‘看看我能帮上什么忙吧’。几天后，她露面了。我母亲找到了一个匈牙利妇女，她的丈夫死了，留给她一笔钱。然后她就给了我母亲 25 美元。很巧。我母亲没把钱留着，而是给了我。所以我才变成了现在的样子。当时我 16 岁，对一切的看法都很乐观。”

弗赖雷克从芝加哥乘火车去了伊利诺伊大学香槟分校所在的乌尔班纳市。他在一套公寓里租了一个房间。为了赚取学费，他去女生联谊会所当服务员。这份工作提供的额外福利，就是能吃到剩菜剩饭。他成绩很好，后来被该校医学院录取了。之后他便开始在芝加哥大型公立医院库克郡医院实习。

在当时，医生被认为是属于上流社会的职业。医生的社会地位很高，当医生的主要都是些中上阶层人士。而弗赖雷克不是。虽然我拜访弗赖雷克时他已经80多岁了，但他仍然令人望而生畏。他身高约1.9米，胸肌和手臂依然壮实。他块头大，头也很大，因此看起来就更高大了。他很健谈，说话流畅，语速缓慢，声音洪亮。因为他是芝加哥人，所以有时候他讲话会有一些重音。讲到重点的时候，他便习惯喊出来，握拳捶桌子。记得有一次，他把一个玻璃会议桌给捶碎了。（接着发生什么事情了？据说那是有史以来弗赖雷克唯一一次沉默不语）。

那时，他正同一个女孩儿约会。女孩儿的家庭条件比他的好很多。她举止优雅，高贵时髦。而弗赖雷克则是一个来自洪堡公园的粗壮大汉。他的体形和声音，很容易让人联想到大萧条时代的匪徒。“她带我去听交响乐。那是我第一次听古典音乐。”弗赖雷克沉浸在回忆里，“在认识她之前，我从没看过芭蕾舞表演，也从不看戏。我母亲买的那台小电视是我唯一的学习来源。在家里，我没受过什么教育，什么文学、艺术、音乐、舞蹈，通通都没有，有的只是食物。我只知道自己不能被杀死或者被打倒。我完全就是一个原始人。”①

弗赖雷克是医院血液科的一名助理研究员。他在当地应征入伍，

---

① 弗赖雷克实习期结束时，他的一个远房亲戚刚好过世，留给他600美元。“我有一个病人，他是二手车经销商，他说他可以卖一辆二手车给我，”弗赖雷克说，“是一辆1948年的庞蒂亚克。一天晚上我喝多了，和一些女孩儿开车离开派对时，与一辆全新的林肯发生了剐蹭。我本应该坐牢的，那些警察过来后，认出我是郡医院的实习生，于是就说‘我们来处理’。”在那个时代，当医生就有这种特权。不过现在大概不会有这种情况发生了。

选择在华盛顿郊外的美国国家癌症研究所服兵役。据说，他是一位出色的医生，工作时特别投入，总是最早一个到医院，最后一个离开医院。不过他仍然是暴脾气。他没有耐心，也不友善。弗赖雷克的一个同事，至今仍记得他对弗赖雷克的第一印象："看起来像是一个巨人，打电话时又喊又叫的。"另一个同事则说："他完全控制不住自己的情绪，总是想什么就说什么。"他当医生这些年，总共被开除过 7 次。第一次是在芝加哥长老会医院实习时，他公然与护士长对抗。一个曾与弗赖雷克共事的医生说，有一次弗赖雷克偶然发现自己带的一个住院医生犯了一个常识性错误——他忽略了一个细微的实验检查结果。"病人死了，"那个医生说，"不过不是因为那个错误死的。但是杰·弗赖雷克就在病房里，当着五六名医生和护士的面，朝他大喊大叫，说他是凶手，那个年轻小伙子顿时就崩溃了，泣不成声。"弗赖雷克的朋友说起他的时候总会说"但是"。"我喜欢他，但是我们有一次差点儿打起来了。我邀请他来我家，但他却羞辱我的妻子。一直到今天，弗赖雷克都是我最亲密的朋友之一。"伊万·贺什说道。他是一位肿瘤学家，刚开始当医生时就和弗赖雷克共事了。"我带他参加我的婚礼和受诫礼①。我像爱父亲一样爱他。不过那时候他就像一只老虎。我们发生过几次严重的口角。我曾经连续好几周不跟他说话。"

弗赖雷克的这些行为是不是特别出人意料？要知道，大多数人都不会把自己的同事说成"凶手"，因为我们懂得换位思考。我们能想象他人的感觉，做到感同身受。我们之所以能这么做，是因为我们从

① 受诫礼，犹太教庆祝男子满 13 周岁和进入犹太教团体的典礼。——译者注

自己的感受中得到了支持、安慰和理解。这种支持能给我们提供一种如何体会别人感受的模式，这就是共鸣的基础。但在弗赖雷克性格的形成期，亲人们有的离世，有的抛弃了他。这是一段昏暗的童年，留给他的只有痛苦和愤怒。

有一次，在弗赖雷克回想自己的职业生涯时，他突然痛批将癌症晚期病人送进临终关怀所的做法。“既然你们有这么多医生可以做临终关怀——我的意思是，那你们怎么不把这些力气花在治病上？”弗赖雷克讲到动情之处，不自觉地提高了嗓音，下巴开始打战。“你要对一个病人这样说——‘你得了癌症，你一定会死的。你会很痛，这一切太可怕了。我送你去一个可以快乐死去的地方’？我永远都不会这样对一个病人说的。我会告诉他‘你正在遭受痛苦。我知道很痛。我来帮你减轻痛苦。你会死吗？不一定的。我每天都在目睹奇迹发生’。如果病人把你当成他们唯一的希望，那你绝对不能表现出悲观的情绪。星期二早上，我要去查房。有时候一些同事会说：‘这个病人已经 80 岁了，没什么希望治好了。’当然不是这样！他是有希望治好的，只不过这是一个极大的挑战。你必须让某些事发生。你必须想办法帮他们，因为人活着一定要有希望。”这些话，他几乎是喊出来的。“我从不绝望。我从来不会和父母一起为孩子的离去而恸哭。作为医生，我不该做这种事。作为父母，我也许会这样做。如果我的孩子死了，我大概会疯掉。我想说的是，作为医生，你一定要给病人希望。这是你的工作。”

弗赖雷克又说了几分钟。他的个性此刻已展露无遗。我们都想遇到一个不会放弃病人、不会丧失希望的医生，但我们也想要一个可以替我们考虑，理解我们感受的人。我们希望得到有尊严的对待。而要有尊严地对待某个人则需要共鸣。弗赖雷克能做到吗？“我从不绝望。我从来不会和父母一起为孩子的离去而恸哭。”如果我们去问其他人是否想要一个和弗赖雷克一样的童年，我想没有人会说想要，因为这样的童年没什么好的。这样的成长过程会一直跟随着你，你压根没法儿“远离灾难”。

或者你可以？

5

20 世纪 60 年代早期，一个名叫马文·艾森施塔特（Marvin Eisenstadt）的心理医生开设了一档名为“创意人”的访谈节目，邀请的都是发明家、艺术家和企业家，他试图通过这档节目研究成功的模式和趋势。他在分析受访者的回答时发现了一个奇怪的事实：很多人在童年时期就失去了父亲或者母亲。艾森施塔特调查的人本来就不是很多，于是他认为他可能只是凑巧有了这个发现。但这个事实一直困扰着他。如果这不是凑巧呢？万一这是一个有意义的数据呢？在心理学文献中总会有一些线索的。20 世纪 50 年代，科学史学家安妮·罗伊（Anne Roe）在研究一些著名的生物学家时，发现大多数人在他们很小的时候，其父亲或者母亲（至少有一个）就去世了。几年后，一个关于著名诗人、作家（如济慈、华兹华斯、柯勒律治、斯威夫特、爱德华·吉本、萨克雷等）的信息调查也得出了同样的结论。有一半以上的诗人、作家在 15 岁之前就失去了父亲或者母亲。很多人都不知道事业的成就和童年的丧亲之痛是有联系的。不过，该事实也只是人们知之甚少的众多事实之一。于是艾森施塔特决定做一个更大的研究项目。

“1963 年或 1964 年的时候，”艾森施塔特说道，“我开始研读《不列颠百科全书》，后来又加上了《大美百科全书》。”艾森施塔特列了一张名单，从霍默一直到约翰 · F. 肯尼迪，这些人的生活经历值得被写入任何一本百科全书，并详细记录。他觉得这是一项伟大的工程。他列了一张共有 699 人的名单，之后就开始有条不紊地寻找名单中每个人的传记资料。“我花 10 年完成了这件事。”艾森施塔特说，“我阅读了各类外文书籍，去了加州，也去了美国国会图书馆，还有纽约市族谱图书馆。我找了许多丧父或者丧母的人物的档案，我希望这些档案可以让我得到一个准确的统计学结果。”

艾森施塔特找到了其中 573 位名人的传记资料，这些资料都有一定的可信度。大约有 1/4 的人在 10 岁之前就丧父或者丧母。15 岁时，34.5% 的人都至少失去了一位至亲。而到 20 岁时，这个比例则达到 45%。这是一些惊人的数据。即使 20 世纪之前的几十年，人的平均寿命因疾病、事故、战争等因素而比现代人的平均寿命短，这些数据也仍令人吃惊。

在艾森施塔特进行研究的这段时间，历史学家露西尔 · 艾尔芒格（Lucille Iremonger）开始撰写英国首相的历史。她把重点放在了 19 世纪早期到“二战”初期这段时间。艾尔芒格寻思着，在世界上最强大国家——英国，这些人到底具备什么样的背景和品质，才能成为英国政治领域的顶尖人物？就像艾森施塔特，他是因为某个事实的指引，才做了这次的调查。他这样描述这个事实："这太经常出现了，于是我开始思考这里是不是隐含着某些重大的意义。"而在艾尔芒格描写的首相中，16岁前丧父或者丧母的比例高达67%。这个数字是同期英国上流社会（大多数首相都来自该阶层）人士丧父或者丧母比例的两倍。同样的情况也发生在美国总统身上。44届美国总统（从乔治·华盛顿到巴拉克·奥巴马）中有12位均在年幼时就丧父了。[①]

此后，艰难童年和丧父（母）研究便时常出现在各类学术文献中。例如，心理学家迪安·西蒙顿（Dean Simonton）就在他的论文中写了特别精彩的段落。他在这些段落中，分析了天才儿童无法获得显著成就的原因。他总结的其中一个原因就是他们"从父母那里获得了过多心理健康"。他说，这些孩子"太传统，太因循守旧，太没有想象力，所以他们没能贡献出突破性的思想以影响其所处的时代"。他接着说："人们通常认为天才儿童大多出现在条件优越的家庭。然而事实是，天才通常都来自一些条件不是太好的家庭。"[2]

这些研究仿佛在告诉我们，失去父（母）亲是一件好事。"人们常会跟我开玩笑说：'你的意思是如果我没有父母，或者我把我父母杀了，我会变得更好，是吗？'"艾森施塔特说，"'一些人可以在丧父（母）的情况下获得成功'是一个极具威胁性的理念，因为在人们通常的认知中，父母是可以帮助你的。父母是你生命中的两个关键人物。"艾森施塔特强调，这是铁一般的事实。父母是必不可少的。对

---

① 这12位总统分别是乔治·华盛顿、托马斯·杰斐逊、詹姆斯·门罗、安德鲁·杰克逊、安德鲁·约翰逊、拉瑟福德·海斯、詹姆斯·加菲尔德、格罗弗·克利夫兰、赫伯特·胡佛、杰拉尔德·福特、比尔·克林顿和巴拉克·奥巴马。

于一个孩子来说，丧父或者丧母都是灾难性的打击。精神病学专家菲力克斯·布朗（Felix Brown）发现，在囚犯中，童年丧父（母）的人的比例是普通人的2~3倍。这个差别太大了，显然不是巧合。有一个事实显而易见：丧父（母）会给孩子带来各方面的打击。①

然而，艾森施塔特、艾尔芒格和其他学者的研究结果也表明，有些人会像战争中那些“远离灾难的人”一样，战胜丧父（母）带来的负面影响。你的父亲自杀了，于是你拥有一个苦不堪言的童年，然后你把这段经历埋在记忆的最深处，而这些经历也给你带来了意想不到的好处。“这并不是说当孤儿和身处贫困是好事，”布朗写道，“但是这些伟大的孤儿证明了一件事：在某种情况下，这些原本负面的东西也会起到正面的作用。”②

6

1955年，杰·弗赖雷克来到美国国家癌症研究所，找癌症治疗方面的负责人戈登·朱布罗德（Gordon Zubrod）报到。朱布罗德安排他

---

① 布朗的研究始于华兹华斯的诗句。华兹华斯的母亲在他8岁时就去世了。

她是心脏，
是知识和爱的中心，
她给我们留下了贫穷，
也许我们可以一起前进。

② 或者就像英国评论家托马斯·德·昆西说的：“早年成为孤儿是否为一种优势，要视人的本质而定。”

去儿童白血病中心工作。该中心位于研究所中央的医院主楼二楼。[①]

儿童白血病是最严重的癌症之一。它的发病没有任何预兆。一两岁的幼儿发病时会持续高烧不退，之后会引发一种因感染导致的持续的剧烈头痛，最后幼儿会丧失身体的免疫力，身体开始出血。

“朱布罗德医生一周检查一次我们的工作进展情况，”弗赖雷克说，“他告诉我：‘弗赖雷克，这个地方就是一个屠宰场！到处都是血。我们必须把这里清理干净！’他说得对。孩子们身上都在出血，甚至连大小便都带血，这是最糟糕的情况了。他们的耳朵、皮肤都在出血。血液染红了天花板，还有其他的东西。早上，护士穿着一袭白衣来护理病人，晚上回去时衣服上都是鲜血。”

孩子们也有内出血的情况，肝脏和脾都会出血。这种出血会带来剧烈的疼痛。他们痛得从床上翻下来，身上都摔青了。有时候，鼻子出血也可能是致命的。你捏住孩子的鼻子，并在上面放上冰块，但是没用；你给孩子的鼻子塞上纱布，也没用。你找来了耳鼻喉专家，他会通过嘴巴，把鼻道的后面用纱布堵住，然后将纱布慢慢推进鼻子里。该做法的原理是从鼻腔内部给血管施加压力。你能想象，这有多痛。更可怜的是，这种方法不管用，所以还得把纱布取出来。纱布取出后，又会开始流血。弗赖雷克所在的研究小组的工作就是要找出治疗白血病的方法。但问题是出血情况难以得到有效的控制，大多数儿童在医生未找到治疗措施之前就已丧命。

---

① 如果你想了解治疗白血病的全过程，那就去读悉达多·穆克吉的普利策获奖作品《众病之王：癌症传》。没有比这本书更合适的了。穆克吉在书中用一整章的篇幅描绘了如何治疗白血病。这本书值得一读。

“那些被送到医院的儿童，有 90% 都会在 6 周内死亡。”弗赖雷克说道，“他们一直出血，最后就没命了。如果你的嘴巴和鼻子出血的话，你就吃不了东西，也不能喝东西，你会恶心呕吐，腹泻，大便里都带血……所以你就会饿死。也有可能你会因为感染而患上肺炎，然后发烧、抽搐，最终……”他的声音慢慢地变弱了。

医生们都不想在这个中心长时间停留，因为工作量太大了。“我们早上 7 点来，”一个在这里工作过的医生说，“晚上 9 点走，什么事都要做。我每天回家时都筋疲力尽。后来我成了一个集邮爱好者。每天晚上 10 点的时候，我便会坐下来欣赏邮票，这是唯一一种可以让我放松的方式。患儿们的父母都很害怕，没有人敢走进病房，他们只会站在门外。没有人想在那里工作。那一年，我医治的孩子有 70 个死了。真是一场噩梦。”[①]

---

① 20 世纪 60 年代，小说家彼得·德·维里的女儿因白血病夭折。他以此为题材写了一本充满悲痛的小说，名为《羔羊血》(*The Blood of Lamb*)。维里写道：

> 我们回到了儿童病房，又看到了类似的画面：母亲们正陪着她们奄奄一息的孩子。一个只有一条腿的女孩儿，拄着拐杖，在护士的鼓励下，动作熟练地下了楼。从关着的玻璃门望过去，有一个小男孩儿，他正躺在床上，他的头部到处都在流血；一个牧师警觉地靠在墙上，他正准备靠男孩儿近一点儿。隔壁的病房里，住着一个 5 岁的小男孩儿，他的头上插着输液管，那里面是氨甲蝶呤。小男孩儿呆呆地看着围绕在自己身边的那堆大型机器。他旁边有一个婴儿，正坐着看电视，电视里播放的是猜谜节目……在父母和孩子之间，在这个诀别的地狱里，医生来来回回地穿梭。他们要抽取病人的骨髓样本，以了解病毒在孩子体内的发展状况。穿着制服的医生们仔细地检查孩子的四肢和大脑，并在关键处开刀，以了解病毒所在的位置。他们努力奋战了这么久，究竟什么才是他们最伟大的成就？他们在一个又一个的器官里寻找那些病毒，试图将它们都赶出去，以延长病人的生命。

但弗赖雷克不这么认为。“我从不绝望。我从来不会和父母一起为孩子的离去而恸哭。”弗赖雷克和美国国家癌症研究所的另一名研究员汤姆·弗雷（Tom Frei）合作进行研究。他们确信白血病是由血小板缺失引起的。血小板是一种形状不规则的细胞碎片，游离在人体的血液之中。白血病会破坏孩子们的造血功能，没有血小板，血液就不会凝结。这是一个关键的发现。乔治·布雷彻（George Brecher）是弗赖雷克在美国国家癌症研究所的领导之一，他是血液学领域的专家，他对此有所怀疑。但弗赖雷克认为布雷彻在研究时计算出的血小板数量是错误的。弗赖雷克是个一丝不苟的人，他采用的是一种更为精密的方法：在血小板数量非常少时，观察人体细微的生理变化。在他看来，两者之间的确有关系：血小板越少，出血情况越严重。孩子们需要大量新鲜的血小板。

美国国家癌症研究所的血库并没有为弗赖雷克的输血理论提供新鲜的血液。因为这是违反规定的。弗赖雷克握拳猛击桌子，大喊道：“你们是在杀人！”“如果是你，你在说这些话之前，肯定会深思熟虑，”弗赖雷克的研究所同事迪克·西尔弗（Dick Silver）说，“但杰不会。”

于是弗赖雷克出去寻找愿意献血的志愿者。他的一个病人的父亲是牧师，一下就给他带来了20名教徒。20世纪50年代中期，输血用具一般就是针头、橡胶管和玻璃瓶。输血后，血小板会黏在这些器具表面。因此弗赖雷克决定使用新的器具：硅针和塑料袋。这些袋子很大。“袋子真的很大。”文斯·德维塔（Vince DeVita）说——他当时是弗赖雷克的同事——他伸出双手比了比。“而你的病人，才这么大。”他缩小了双手之间的距离，“这感觉就像在用消防水龙头浇花。如果你做得不好，孩子们可能会出现心脏衰竭。当时美国国家癌症研究所的临床主任名叫柏林，他看到这些袋子后，对杰说：‘你真是疯了。’他告诉杰，如果他坚持给患者输血小板的话，就要解雇他。”但弗赖雷克没理睬他。“杰就是杰，”德维塔接着说，“他已经决定了，如果他没办法做成这件事，他也不会再待在这里了。”后来，孩子们的出血状况得到了控制。[3]

7

弗赖雷克的勇气来自哪里？他长得高大威猛，令人不禁心生胆怯。人们很容易认为他的这种勇气是天生的。而麦克迪的“侥幸脱险的人和远离灾难的人”理论则有不同的看法：勇气可以后天获得。

再来看看麦克迪是如何描写人们在伦敦闪电战期间的经历的：

> 我们所有人不只会害怕，我们也会因为害怕而害怕，而克服恐惧会让我们狂喜……我们害怕自己会在遭受空袭时变得恐慌。而当空袭真的发生时，我们却会因为风平浪静的环境而窃喜，现在我们安全了，之前的担心、害怕与现在的解脱形成了强烈对比。这种安全感会产生自信，这种自信就是勇气的源泉。

我们先来看看第一句：“我们所有人不只会害怕，我们也会因为害怕而害怕。”因为英国从来就没有发生过爆炸，所以伦敦人认为爆炸会是一种可怕的经历。令他们害怕的是那些说爆炸一旦发生，他们就会怎么样的预测结果。① 德军的空袭就这样持续了一个月又一个月。几百万认为自己会因爆炸而感到恐惧的远离灾难的人明白了，他们夸大了自己的恐惧情绪。他们什么事儿也没有。接着发生什么了？“克服恐惧会让我们狂喜……之前的担心、害怕与现在的解脱形成了强烈对比。这种安全感会产生自信，这种自信就是勇气的源泉。”

当艰难的时刻来临时，勇气可以让你变得勇敢。但勇气并不是与生俱来的，它是一种你经历过痛苦才会拥有的东西。你会发现，现实的痛苦不如想象中的那样强烈。德军犯了一个大错误，你知道是什么吗？他们轰炸伦敦，是因为他们认为闪电战带来的恐惧会摧毁英国人的勇气。事实上，他们的轰炸产生了相反的结果。这使大量伦敦市民变成了死里逃生的幸存者。这些人比以前更勇敢。德军如果不轰炸伦敦的话，他们的胜算也许会更大。

下一章要讲的是美国的人权运动。马丁·路德·金把他的人权运动带到了亚拉巴马州的伯明翰。这里要提及伯明翰的这段历史，因为这是一个证明“勇气可以后天获得”的绝佳例子。

浸信会黑人牧师弗雷德·沙特尔斯沃思（Fred Shuttlesworth）是马丁·路德·金在伯明翰最重要的盟友之一。他在该市领导了多年的反对种族隔离运动。1956 年的圣诞节早上，沙特尔斯沃思宣布他要乘坐伯明

---

① 对未来情绪的估计被称为“情感预测”。所有证据都表明，我们是糟糕的情感预测家。心理学家斯坦利·J. 拉赫曼（Stanley J. Rachman）就做过这样一个实验：他找了一些害怕蛇的人，然后给他们看蛇；找一些患有幽闭恐惧症的人，让他们站在小小的金属壁橱里。他发现，真正经历时的那种害怕的感受不如人们想象中的强烈。[4]

翰市的种族隔离巴士，以抗议市政府颁布的禁止黑人和白人乘坐同一辆车的法律。抗议前一天，在平安夜里，三K党①成员炸毁了他的家。三K党试图效仿纳粹军队在闪电战期间对付英国人的方法，来对付沙特尔斯沃思。他们也误解了侥幸脱险的人和远离灾难的人之间的差别。

在黛安娜·麦克沃特（Diane McWhorter）描写伯明翰人权运动的史学巨著《带我回家》（*Carry Me Home*）中，她描写了警察和邻居跑向冒着烟的沙特尔斯沃思家的情形。当时，夜已经深了，沙特尔斯沃思已经躺在床上。人们害怕他已经死了：

> 废墟中传出一个声音："我不想光着身子出去。"过了一会儿，沙特尔斯沃思披着一件雨衣出来了。那件雨衣是别人扔给他的。他没有残废，没有受伤，也没有失明。他甚至没有聋。虽然这场爆炸震碎了一英里外一户人家的玻璃窗……沙特尔斯沃思举起总是拿着《圣经》的那只手，向关心他的街坊邻居们示意，说道："上帝保佑，我没有受伤。"
>
> 一位身材高大的警察大喊："牧师，我认识那些人。"他说的是那些制造爆炸的人。"我想他们还没走远。如果我是你，我会离开这里。这些人太凶恶了。"
>
> "不过警官，你不是我。"沙特尔斯沃思说，"回去吧，告诉那些三K党，上帝救了我，我会一直在这里待下去。斗争才刚刚开始。"[5]

---

① 三K党（Ku Klux Klan），美国的一个奉行白人至上主义的民间组织，是美国最悠久、最庞大的恐怖主义组织。——编者注

这是死里逃生的典型例子。沙特尔斯沃思并没有死。（这可是一次重大灾祸。）他没有受伤。（侥幸脱险。）他毫发无损。三K党希望发生的事完全没有发生。沙特尔斯沃思比之前更加无所畏惧了。

隔天早上，教众都请求他取消抗议。他拒绝了。麦克沃特接着写道：

> “该死，我们都会去的。”牧师骂道，接着开始了演说。“如果你害怕的话，那就找个地方躲起来。这个聚会结束之后我就要去镇上乘坐公交车了。我不会回头看谁跟着我走了。”他的声音深沉有力。“男孩儿退后一步，”他命令道，“男人往前一步。”[6]

几个月后，沙特尔斯沃思决定要送他女儿去约翰·赫伯特·菲利普斯高中，那里只接收白人学生。当他驱车到达学校时，一群愤怒的白人立刻将他的车团团围住。来看看麦克沃特的描述：

> 女儿怀疑地盯着他，于是沙特尔斯沃思下了车。那些白人带着指节铜环、木棒、链锁朝他冲了过去。沙特尔斯沃思穿过人行道，快速地往西跑。他被打倒了好几次。有人把他的外套扯了下来，套在他头上，这样他的手就顾不上还击了……“我们抓到这个浑蛋啦。”一个男人大喊道。“杀了他。”众人附和道。还有一个白人妇女喊着“杀死这个浑蛋，一切就都结束了”。人们于是开始砸车窗玻璃。[7]

沙特尔斯沃思怎么样了？他倒是受伤不严重。他成功地爬回车里，接着去了医院。检查结果显示，他的肾脏受了一点儿轻伤，身上有些擦伤和瘀青。当天下午他就自行办理了出院手续。那天晚上，他站在教堂告诉他的教众，他已经原谅了那些袭击他的人。

这样看来，沙特尔斯沃思一定是一个拥有伟大决心、身体强壮的人。他从房屋废墟里爬出来的时候，不仅毫发无损，意志也更坚定了。“我们所有人不只会害怕，我们也会因为害怕而害怕，而克服恐惧会让我们狂喜……我们害怕自己会在遭受空袭时变得恐慌。而当空袭真的发生时，我们却会因为风平浪静的环境而窃喜，现在我们安全了，之前的担心、害怕与现在的解脱形成了强烈对比。这种安全感会产生自信，这种自信就是勇气的源泉。”

在菲利普斯高中接下来又发生了什么事？那是另一次侥幸脱险的经历。离开医院时，沙特尔斯沃思告诉那些记者：“在这一年里，我见证了两次奇迹的发生。今天是第二次。”[8] 如果一次死里逃生的经历可以带来狂喜，那么我们可以试想一下两次这样的经历会带来什么。

之后不久，沙特尔斯沃思带着另一位牧师吉姆·法玛尔（Jim Farmer），准备在亚拉巴马州蒙哥马利的一个教堂里会见马丁·路德·金。他们乘坐的车外聚集了一群暴徒，暴徒们挥着南部邦联的旗帜。他们开始晃动汽车。司机掉头，想走另一条路，但还是被堵住了。你知道沙特尔斯沃思是怎么做的吗？就像在菲利普斯高中那样，他下了车。麦克沃特这样描述当时的情形：

> 可乐瓶打碎了他身旁的车窗玻璃，他停下来，闻到了一股奇怪的味道——是催泪瓦斯。他示意法玛尔下车，走进人群中。法

玛尔照做了，“他害怕极了”。他试着将自己庞大的身躯缩在沙特尔斯沃思的影子里。那些流氓扔下木棒走了。沙特尔斯沃思安然无恙地走到了第一浸信会教堂的门口，没有人敢打他。“一边儿去，”他边走边说，“滚开，一边儿去。”[9]

这是他第三次死里逃生。

丧父（母）和房子被炸、被流氓围追堵截不一样。前者更糟糕。这种痛不像伤口那么容易愈合，也不会在经历一段悲伤的时期后就结束。发生在孩子身上的事是最令人恐惧的，他们觉得自己能挺过去吗？他们是不是也能像沙特尔斯沃思和闪电战中死里逃生的人一样获得自信，也因此拥有自信带来的勇气？①

“把沙特尔斯沃思送进监狱的那名警官，”麦克沃特写到了沙特尔斯沃思与白人当局的另一次斗争，“对他又打又踢，叫他猴子，还用话激怒他：‘为什么你不还手？’沙特尔斯沃思答道：‘因为我爱你。’

① “许多年前，我有过这样的一个病人。”纽约的精神病学专家彼得·默赞（Peter Mezan）告诉我，“他缔造了一个帝国。他有一个不幸的童年。6 岁时，他的母亲死在了他面前——他父亲站在他母亲面前，发狂似的朝她大喊大叫。他母亲当时正在抽搐。后来他父亲被人杀害了，因为他父亲是一个匪徒。于是他和他的兄弟姐妹被送到孤儿院。他在孤儿院长大。在那里，他只学会了一件事，就是克服。因此，他特别强烈地想要抓住那些别人没抓住的机会。我想，他应该是觉得自己没什么可输的吧。”对默赞而言，以他的多年经历来看，童年时期遭受的巨大变故，与这类丧父（母）的孩子在成年时期取得的传奇般的成功之间确有联系。事实上，人们忍受这种创伤并活下来的原因在于自由。“有些人，他们可以打破既定世界的框架——人们信赖的事情，人们的假设、常识和熟悉的事物，以及每个人认为理所当然的那些事（不管是癌症，还是自然定律）。”他说，“他们不受框架约束，他们有能力跳出框架。我认为普通的儿童框架不适合他们，这类框架会毁坏他们的创造性。”

他抱住双臂，一路微笑地朝着监狱走去。在这个不准唱歌、祈祷的地方，他睡了一个午觉。”

8

弗赖雷克的止血工作是医学史上的一个突破。孩子们因此可以活得更长，这种因潜在因素引发的症状可以得到医治了。然而白血病是一种更严重的疾病。在治疗这种疾病时，只有一小部分药有疗效，如可以杀死癌细胞的6-巯基嘌呤、氨甲蝶呤、类固醇泼尼松。不过每种药物或多或少都有潜在的毒性，病人能使用的剂量也有限制。正因为使用的剂量有限制，所以这些药物只能杀死一部分癌细胞。在一周左右的时间里，病人的病情会有所好转。而后，病人体内存活下来的癌细胞会继续繁衍，癌症又会卷土重来。

“临床中心有一个名叫马克斯·温特罗布的顾问医生，”弗赖雷克说道，“他在世界上享有盛名。因为他撰写了第一本血液学的教科书。他还写了关于当时的儿童白血病治疗情况的评论文章。我引用了其文章的部分内容：‘这些药对患者的伤害远大于益处，因为它们延长的不是病人的生命，而是痛苦。不管怎样，患者终究会死的。这些药只会让他们的身体状况变得更差，所以你们不要用这些药。’这就是权威人士说的话。”

但弗雷、弗赖雷克和由詹姆斯·霍兰（James Holland）带领的洛斯维帕克纪念研究所（Roswell Park Memorial Institute，简称RPMI）的研究小组认为这是医学观念的倒退。如果这些药没法儿杀死足量的癌细胞，那不正意味着应该加大药量，而不是减少药量吗？为什么不组合使用6-巯基嘌呤和氨甲蝶呤？这两种药可以以不同的方式杀死癌细胞。它们就如军队中的陆军和海军，有不同的作战功能。也许那些6-巯基嘌呤杀不死的癌细胞能被氨甲蝶呤杀死。再者，是否可以考虑在混合药中加入适当的泼尼松？这类激素就如空军，当其他药在陆地和海上作战时，它们可以在空中发动攻击。

弗赖雷克偶然发现了第四种药物：一种从长春花中提取的物质。后来被命名为“长春新碱”。礼来制药公司的一名员工通过美国国家癌症研究所拿到了这种药，并把这个药带回去给研究人员研究。没有多少人知道这种药。弗赖雷克有种预感，这种药也许可以治疗白血病。“我有25个奄奄一息的儿童患者要治疗。但我已经不知道该用什么药来医治他们了。我想我得试试这种新药。为什么不试呢？反正他们终究都会死，试试也无妨。”长春新碱的确有一定的疗效。弗赖雷克和弗雷在一些用其他药物治疗没有疗效的病童身上使用了这种药，好几个孩子的病情都得到了缓解。于是弗雷和弗赖雷克请示美国国家癌症研究所的研究监督委员会，希望他们能一起测试这四种药物：6-巯基嘌呤（陆军），氨甲蝶呤（海军），泼尼松（空军）及长春新碱（海军陆战队）。

如今，医生基本都采用“鸡尾酒疗法”（cocktails）来治疗癌症。所谓“鸡尾酒疗法”，是同时使用两三种，甚至四五种药。但在20世纪60年代早期，这是前所未有的一种疗法。在当时，人们认为用这些药物治疗癌症太危险。就连长春新碱——弗赖雷克珍视的新发现——也被认为是一种极其可怕的药物。弗赖雷克吃了很多苦头。“这种药有没有副作用？有。”他说，“会引起严重的抑郁，孩子们会变得麻痹。假如药量达到中毒剂量，患者会因此陷入昏迷。第一批使用该药物治疗的14个病童中，就有一两个去世了。他们的大脑完全受损。”马克斯·温特罗布认为人道的治疗方法就是不使用任何药物。而弗赖雷克和弗雷则倾向于一次性使用四种药物。弗雷提请美国国家癌症研究所委员会批准试验该疗法，但是并没有获得通过。

“委员会成员中有一位资深的血液学专家卡尔·摩尔博士，是我父亲的一位朋友，来自圣路易斯。”弗雷多年后仍记得这件事，“我一直把他当朋友。但是我的报告在他看来却是无法容忍的。他研究的并不是儿童白血病这类儿科病症，于是他用一种成年人的病症——霍奇金氏病进行论证。他说如果你有一个病人，得的是霍奇金氏病，其身体癌细胞已经大范围扩散，那你最好让他的家人带他去佛罗里达州享受生活。如果你的病人因为霍奇金淋巴瘤引发各种并发症，你可以采用X射线或者氮芥进行治疗，但是用量要尽可能地少。加大药量是不道德的行为，同时使用四种药物则是不合情理的行为。”

弗雷和弗赖雷克孤注一掷，他们去找领导戈登·朱布罗德说明情况。朱布罗德曾因血小板的研究与弗赖雷克起过争执。他只勉强同意他们做关于长春新碱的实验。他是儿童白血病中心的负责人，如果事情进展不顺利，他会是第一个被国会委员会传讯的人。你能想象吗？两个与大潮逆流而行的研究员，他们竟要在政府实验室里研究对四五岁的孩子有高毒性的“鸡尾酒疗法”。朱布罗德对此持保留意见，但是弗雷和弗赖雷克坚持他们的想法。事实上，是弗雷在坚持。弗赖雷克不是那种相信任何细致磋商的人。“没有汤姆，我什么事也做不成。”弗赖雷克坦言，“弗雷是和我完全不同的人。他会深思熟虑，而且非常有人情味。”弗雷坚称所有药物都是毒药，但不同的药的致毒原理不同。只要你能控制好药量——加大药量的同时控制副作用——孩子们就能活下去。朱布罗德最终妥协了。“这是一种疯狂的想法，”弗赖雷克说，“但却是一种聪明而正确的方法。我仔细地思考了一番，我知道这种方法是可行的。就像血小板治疗法一样，它是可行的！”

该测验被称为VAMP疗法①。一些临床医师——病房里的初级医师拒绝加入这项研究。他们都认为弗赖雷克疯了。“我要自己做这个实验。”弗赖雷克说道，“我要自己订购药品，将这些药混合在一起，并给他们注射。我还得计算血球，预测出血量，做骨髓检验，预估细胞代谢的过程。”实验初期，共有13个孩子需要用药。第一位患儿是一个小女孩儿。弗赖雷克给她用药过多，差点导致她死亡。他坐着观察了四个小时。他一直都在给她使用抗生素和呼吸机。女孩儿的病情有所好转，直到后来癌症复发死去。弗雷和弗赖雷克吸取了教训。他们修改了实验计划，并开始对二号病人进行实验。这个小女孩儿名叫珍妮丝，她后来康复了。接下来的三号和四号病人也都康复了。当然，这仅仅是一个开始。

唯一的问题在于这些药无法根除癌症。病人体内仍潜藏着小部分恶性细胞。他们发现一个疗程的化疗并不够，于是他们又开始了新一轮的化疗。癌症会复发吗？会。他们需要再进行一次实验。“我们研究出三种治疗方法，”弗赖雷克说道，“13个孩子中有12个都癌症复

---

① VAMP疗法是指高剂量、四药组合的白血病疗法。V=vincristine（长春新碱）；A=amethopterin（氨甲蝶呤）；M=6-meraptopurine（6-巯基嘌呤）；P=prednisone（泼尼松）。——译者注

发了。我想，要防止癌症复发就只有一种方法了。我们要在一年内的每个月都对他们进行治疗。”①

“以前，人们可能还只是觉得我有点儿疯狂。现在，他们肯定认为我完全疯了。”弗赖雷克接着说，“这些孩子看起来和常人没什么两样，他们的病情得到缓解，可以到处跑，踢足球，我却要再次把他们带回医院，让他们再经历一次生病的过程。没有血小板，没有白细胞，发生大出血，发生感染。”VAMP 疗法彻底击垮了孩子的免疫系统。他们几乎没什么免疫力。对他们的父母来说，这是一种巨大的痛苦。医生告诉父母，孩子们一次又一次地徘徊在生死边缘，只是为了活下去。除了这条路，他们别无选择。

弗赖雷克全身心地投入工作中。他用尽所有能量和勇气采取了所有能让病人活下去的疗法。当时，如果病人发烧的话，医生就要做血液培养。结果出来时，医生会找出与传染病最为匹配的抗生素。而抗生素又不可以组合使用。使用第二种抗生素的前提是第一种抗生素已经对病毒无效。“杰告诉我们的第一件事就是，没关系，只管用。”德

① 这种方法需要重复进行化疗，即使病人看起来已经处于无癌状态，也需进行化疗。这是 20 世纪 50 年代末美国国家癌症研究所的 M. C. 李（M. C. Li）和罗伊·赫兹（Roy Hertz）提出的方法。李曾碰到患有绒毛癌的病人，绒毛癌是一种罕见的子宫癌。他实行了一个又一个的化疗过程，才最终把癌细胞从病人的体内清除干净。这是化疗方式第一次治好了实体瘤。李首次提出该疗法时，曾遭到相关人士的反对，他们认为这是一种野蛮的做法，但李依然坚持己见。后来，他被解雇了——虽然他已经治好了病人。“当时就是这样的，”德维塔说道，“我记得当时为讨论绒毛癌，开了很多场病例研讨会。会议的焦点是，这是否是一种自发性的病情缓解过程。没有人认为氨甲蝶呤真的治好了这位病人。”我不用多说你也会知道弗赖雷克到今天依然敬畏李。有一次，在一个科学会议上，有个发言人不屑于李的成就，当时正处于会议期间，弗赖雷克见状，立刻挺身而出，咆哮道：“M. C. 李治愈了患者的绒毛癌！”

维塔记得很清楚，“孩子们发烧的话，你必须得马上对其进行治疗。你要联合使用抗生素，因为如果你不这么做的话，他们会在三个小时内死亡。”德维塔得知有一种抗生素是不能打入脊髓液里的。但弗赖雷克却让他把这种抗生素打入一个患者的脊髓液里。“弗赖雷克让我们做这样的事情，”德维塔说，“让我们变成了医学界的异类。”

“许多人批评他，”德维塔接着说，“临床医师同事认为他的所作所为跟疯子没什么两样。他默默地承受着这一切。他们侮辱他，尤其是那些毕业于哈佛大学的医生。他们总是站在病房尽头，对他指指点点。他说什么的时候，他们总会回答‘杰，我觉得自己都能飞上月球了’。这种感觉太糟糕了。然而杰一直在那里，在你的面前晃来晃去，检查每一个实验结果和图表。如果你不为你的病人做些什么，上帝也帮不了你。弗赖雷克是暴躁的人。他会因为自己的言行举止而陷入麻烦之中；或者去参加会议，然后辱骂别人。这时弗雷就得去帮他摆平所有的事。他在意别人怎么看他吗？也许吧。不过他的这种在意还不足以让他停下做那些他认为对的事情。”①

---

① 弗赖雷克的故事太多了。他曾跑到美国国家癌症研究所 12 层的临床中心，那里是成人型慢性粒细胞性白血病（CML）的病房所在地。慢性粒细胞性白血病是一种产生过量白细胞的白血病。病人的细胞再生机制会超负荷运转。而弗赖雷克治疗的那些孩子则恰恰相反，他们得的是急性淋巴细胞性白血病。罹患这种癌症的病人，他们的身体会产生过量有缺陷的白细胞，因此他们在面对感染时毫无免疫力。于是弗赖雷克跑到 12 层的病房去，他把患有癌症的成年病人的血液，输进住在 2 层的患儿的身体里。从慢性粒细胞性白血病病人的血液中提取白细胞是否为一种不寻常的做法？“这是一种疯狂的做法。”弗赖雷克说道，他想起了当初做实验的情形。“每个人都说我疯了。如果孩子们也感染慢性粒细胞性白血病怎么办？要是这种方法让他们的病情加重了怎么办？”弗赖雷克耸了耸肩，“孩子们在几个月内必死无疑。在这种情况下，我们已经没什么可输的了。”

“杰是怎么做到的。我不知道。”

但是我们知道，对吗？他遇到过比这更糟糕的状况。

1965年，弗赖雷克和弗雷在《化疗的研究进展》（*Advances in Chemotherapy*）上发表了一篇名为《急性白血病的化疗进展和前景》的论文，宣告他们找到了治疗儿童白血病的新方法。[①] 今天，这类癌症的治愈率高达90%。弗赖雷克和弗雷的努力拯救了许多儿童的生命，追随他们脚步的研究者更是不计其数。

9

这是否意味着弗赖雷克应该庆幸自己拥有那样的童年？答案显然是否定的。他小时候经历的那一切，没有一个孩子能忍受得了。在上一章开头，我向采访过的每一个阅读障碍患者提出了一个问题：他们是否希望自己的孩子有阅读障碍？每个人都说不希望。格雷泽一想到这个就感到不寒而栗。加里·科恩为此感到害怕。大卫·博伊斯有两个儿子，都患有阅读障碍症，看着孩子们在一个提倡及早阅读，处处都需要阅读的环境中长大，他的心都碎了。他们三人，一个是好莱坞的顶级制片人，一个是华尔街最有实力的银行家，一个是美国最好

① 我只是简单介绍了白血病的部分内容。如果你想了解更多的话，可以翻阅穆克吉所著的《众病之王：癌症传》。弗赖雷克和弗雷公布他们使用超剂量化疗药物治疗白血病取得的进展后，肿瘤学家唐纳德·平克尔（Donald Pinkel）对该方法进行了研究，推动了该项研究的进一步发展。平克尔的研究团队，即孟菲斯的圣朱德儿童研究医院的人员，开创了“全身疗法”，被称为VAMP四角疗法。平克尔对VAMP疗法的改进，最终使我们今天在白血病治疗领域取得巨大的成功。

的诉讼律师，他们都清楚阅读障碍对自己的成功所起到的关键作用。他们亲身体验了成功的代价，因此他们不希望自己的孩子走他们的老路。

我们是否希望自己的孩子有阅读障碍？这个问题本身就是一个错误的说法，对吧？正确的说法应该是：我们这个社会是否需要经历过某种创伤的人？答案是肯定的。这是一个令人不怎么愉快的事实。有一个人因为灾难而变得更强大，就有无数侥幸脱险的人被他们经历的一切压垮。这要看时间、地点，当然还要看人。我们相信的是那些因自身经历而变得更加坚强的人。① 弗赖雷克有勇气去思考那些不可思议的事情。他敢于在孩子们身上做实验。他带他们挺过了那些从来没有人熬得过去的痛苦。他大力地推广这种做法，因为他吸取了自己童年的教训。他懂得即使在情况最坏的时候，也还是存在情况变好的可能性。白血病曾是一种无法治愈的疾病，他将其变成了一种可以治愈的疾病。

在斗争过程中，弗赖雷克发现检测孩子们癌症发展变化的标准方法——抽取血液，并在显微镜下观察癌细胞数量——并不是一种足

---

① 尤金·科贡（Eugen Kogon）在其回忆录《地狱理论和实践》（*The Theory and Practice of Hell*）中描写了德国纳粹集中营布痕瓦尔德发生的事情。纳粹军队接见了集中营的负责人，要求他们选择毒气室。这是一些“不人道”的毒气室，纳粹军队对它们进行了排位。不遵守命令就意味着灾难降临。纳粹军队会将监狱长当成“绿党”，他们会和犹太人、政治犯一样，在布痕瓦尔德遭受非人的虐待。科贡写道，那些“心灵纯粹”的人是做不出决定的。人生在世，我们有时候就必须为了一些更伟大的目标而去做伤害别人的事。就如科贡所写的：“一个人的良心越是柔软，要做这样的决定就越困难。”[10]

够好的方法。血液是会骗人的。检查儿童的血液，似乎看不到任何癌细胞。然而癌细胞会潜藏在骨髓里，也就是说，医生得一次又一次地抽取骨髓进行检查。抽取骨髓特别痛。而患者每个月都需要被抽取骨髓，一直到医生确定骨髓中没有癌细胞，这种痛苦才会结束。马克斯 · 温特罗布听说弗赖雷克决定这么做的时候，曾试图阻止他。温特罗布说弗赖雷克是在折磨病人。他说的倒没错。他对病人充满了怜悯之心，但是这种怜悯之心并不会治好病人。

“我们在抽取骨髓时，会像这样抓着他们的腿。”弗赖雷克告诉我，他伸出一只大手，仿佛他的手正抓着一个孩子的大腿骨。“我们没打麻药，就直接把针插进去。为什么不打麻药？因为给他们打麻药时，他们也会这么大喊大叫。我们要把一根 18 号或 19 号针头插进孩子的胫骨里，胫骨就位于膝盖下面。孩子们会歇斯底里地叫喊。父母和护士会帮助医生压住孩子。每一个疗程都要抽取骨髓。我们需要知道，孩子的骨髓是否已经康复。”

弗赖雷克说“会像这样抓着他们的腿”时，他脸上浮现出一种无意识的痛苦表情，就好像那根 18 号或 19 号的针插进孩子们的胫骨时，他能感受到那种疼痛，又仿佛这种疼痛可以让他暂停思考片刻。然而这种表情在你捕捉到的那一刻就消失了。

10

当杰 · 弗赖雷克还是一名实习医生时，他遇到了一个叫哈罗汀 · 坎宁安（Haroldine Cunningham）的护士。他约她出去。她拒绝了。“年轻医生都争强好胜，”她说，“他那个人是出了名的心直口快。他约了我好几次，我都没答应。”某个周末，坎宁安去芝加哥郊外探望她姑妈，电话突然响了，是弗赖雷克打来的。他从芝加哥坐火车过来，在火车站给她打的电话。“他说‘我在这里’，”她陷入回忆中，“他是很执着的一个人。”当时是20世纪50年代初。之后不久他们就结婚了。

弗赖雷克身材高大，他的妻子则娇小玲珑，这个小小的身躯里隐藏着巨大的能量。“我了解他，了解他的需求。”弗赖雷克总会在医院待到深夜，他妻子总会在家里等着他。“她是第一个爱我的人。”弗赖雷克简单地说了一句话，“她是来自天堂的天使。她发现了我。她在我身上找到了可以培养的品质。我什么事都顺着她。她让我的每一天都得以正常运转。”

哈罗汀也在一个贫困的家庭长大。他们一家人住在芝加哥城外的一套小公寓里。12岁的一天，她要进浴室，但是怎么也打不开门。“我母亲把门反锁了，于是我跑下楼去叫邻居，这个邻居是我们的房东。他打开窗户，爬了进去。我们叫了救护车。我母亲最后死在了医院。当你还只有十二三岁时，你可能不知道真正发生了什么事，但我知道她过得不开心。我的父亲总不在我们身边，他不是一个好父亲。”

她坐在丈夫的办公室里。这个女人，她为丈夫混乱的人生铺设了一片净土。“你要知道，爱并不能拯救所有你想要拯救的人。有些人曾问我：‘你对母亲不感到生气吗？’我说：‘我不生气。’我了解她的悲伤。”

“有些事情可以帮你建立信心，有些事情则会让你士气低落。而我和杰都拥有这两者。”

6

当你没有什么可以失去的时候，你
会发现一片意料之外的自由之地。

“不随和”特质：20 世纪的黑人运动

1

美国民权运动史上最著名的一张照片拍摄于 1963 年 5 月 3 日，出自美联社的摄影师比尔 · 哈德森（Bill Hudson）之手。哈德森当时在亚拉巴马州的伯明翰——马丁 · 路德 · 金的支持者正是在这里遇到了伯明翰种族公共安全委员“公牛”尤金 · 康纳。照片中，一个少年正遭到一只警犬的袭击。直到今天，这张照片仍让人觉得震惊。

那天，哈德森将胶卷交给了编辑吉姆 · 拉克松（Jim Laxon）。拉克松之前都没注意过哈德森的照片。直到他看到照片中的男孩儿朝着一条狗前倾的姿势，他才注意起这张照片来。后来，他承认当时为“一个面对德国牧羊犬时沉着冷静的少年”而感到震惊。自从 17 年前他发布了一张获得普利策奖的照片后——亚特兰大的某间旅馆发生火灾，一名妇女从高层的窗户跳了下来——他就再也没有感受过照片所谓的震撼力量了。

图 6-1　比尔·哈德森拍摄的关于美国民权运动的照片

拉克松拿着这张照片，将其用电报发送出去。隔天，《纽约时报》在星期六版的首页以原图三倍大小的版面刊登了这张照片。美国国内的主流媒体也几乎都刊登了这张照片。肯尼迪总统看到这张照片后，惊骇不已。时任国务卿的迪安·鲁斯克（Dean Rusk）担心这张照片会“引起海外盟友的不安，并让敌人因此感到窃喜”。这张照片引起了美国国会的讨论，成了人们茶余饭后、学生课堂上的谈资。有那么一段时间，美国人似乎什么都不谈论了，只谈论这张照片。就像一个记者说的，这是一张“会永远燃烧的照片……那个瘦削、穿着考究的男孩儿的身子倾向那条狗，他的双臂无力地垂着，沉着地盯着前方，好像在说‘咬我啊，我就在这里’”。为消除那些在美国南部适用的带有种族歧视色彩的法律和政策，马丁·路德·金和他的民权运动积极分子奋斗了好几年。因为有这些法律和政策，黑人很难甚至几乎找不到工作，他们没有选举权，不能接受正规的教育，甚至不能和白人共用一台饮水机。突然间，局势发生了变化。一年后，也就是1964年，美国国会通过了《民权法案》，这是美国历史上最重要的法律之一。人们总是说《民权法案》其实是“在伯明翰写下的”。[1]

2

1963年，马丁·路德·金来到伯明翰。当时他倡导的民权运动危机重重。他用了9个月的时间在佐治亚州奥尔巴尼领导反对种族隔离的抗议运动。奥尔巴尼距离美国南部200英里远。他并未在奥尔巴尼取得任何实质性的进展，于是便灰心地离开了这个地方。1954年，美国最高法院对布朗诉教育委员会案件的判决，是美国民权运动史上最伟大的胜利。当时，法院判决认为公立学校的种族隔离措施是违反宪法的。然而，在案件判决过去约十年后，南部诸州的公立学校依然在实行种族隔离措施。从20世纪40年代至50年代初期，美国南方大部分州的州长都是立场中立的政客。他们希望人们可以尊重黑人。当时，亚拉巴马州有一个名叫“伟大的吉姆”福尔松的州长，他总是说“人都是一样的”。20世纪60年代初，所有持中立态度的州长都离任了。州议会落入支持种族隔离的强硬派手中。南方各州的民权运动似乎在倒退。

而伯明翰呢？伯明翰是美国种族隔离状况最严重的地区，它被称为“南部的约翰内斯堡”①。那里发生过这样一件事：一辆满载民权运动积极分子的公共汽车正开往伯明翰方向，三K党成员命令该车停靠在路边，之后便向它开火。这一行动得到了当地警察局的默许。那些试图搬进白人社区的黑人居住的房子常被当地的三K党成员轰炸。因为这种爆炸案太多了，伯明翰有了另外一个昵称：“爆明翰”。“在伯明翰，”黛安娜·麦克沃特在《带我回家》一书中写道，“有这样一种犯罪科学：防止犯罪（入户盗窃、强奸等）的最好办法就是走出去，开枪打死这些犯罪嫌疑人。（‘不这样做的话，事情会失控的，’警局的某个小队长也许会这么说，‘你知道我们在做什么。’）”[2]

伯明翰的种族公共安全委员“公牛”尤金·康纳，身高较矮，长着一对大耳朵，声如牛蛙。因为1938年的一件事，他进入了人们的视线。当时伯明翰城区正在举行一个政治会议，白人和黑人各派代表参加。康纳将绳子的一端系在礼堂外草坪的某根树桩上，将绳子一直拉到了礼堂内的过道，并往下延伸。白人坐在绳子的一边，黑人坐在绳子的另一边。这种做法响应了该市的种族隔离法律。当时参加会议的还有总统夫人埃莉诺·罗斯福。但她坐“错”了位置。康纳的手下强迫她坐在白人那边。（想想如果有人这么对米歇尔·奥巴马的话，会发生什么事。）②康纳早晨喜欢去市区的莫顿酒店打发时间，去喝100

① 约翰内斯堡是南非最大的城市。该市的种族隔离和种族歧视情况很严重。——译者注

② 在威廉·纳内利（William Nunnelley）撰写的关于康纳的传记《“公牛”康纳》（*Bull Connor*）中，他指出，伯明翰城市区号369的真正意义就是禁止人们在同一个房间为“白人和有色人种”提供服务，除非他们在入口设立一块7英尺高的隔墙，将两者的入口隔开。

度的老祖父波本威士忌。他常说“犹太人的内心完全跟‘黑鬼’一样”之类的话。人们经常会拿伯明翰开玩笑，但其实这些并不是真正意义上的笑话：住在芝加哥的一个黑人早上醒来时告诉妻子，他梦见耶稣了，耶稣让他去伯明翰。妻子极度恐惧地说：“耶稣说过他要和你一起去吗？”她的丈夫答道：“他说他要去孟菲斯。”

马丁·路德·金到达伯明翰后，就和他的策划团队举行了一次会议。“我必须告诉你们，”他说，“根据我的判断，今天坐在这里的有些人可能无法活着回来了。”他在房间里走了一圈，给了每个人一份写好的悼词。[3]后来，马丁·路德·金的一个助手坦承他一点儿也不想来伯明翰：“当我在亚特兰大的卡罗尔路吻别妻子和孩子时，我并没有想到，我有可能永远也见不到他们了。”[4]

马丁·路德·金并没有什么武器装备，也没有什么胜算。他是一个十足的弱者。然而，他有一项优势。就像大卫·博伊斯的阅读障碍和杰·弗赖雷克不幸的童年一样，这看似是劣势，实则是优势。他来自一个总被当成弱势群体的圈子。民权运动积极分子进军伯明翰时，美国黑人已经花了好几百年时间，学习如何在既没有武器装备也没有胜算的情况下夺取胜利。他们学到了一些对付“巨人”的诀窍。

3

世界上有许多压抑性文化，这些文化中都有一个“恶作剧精灵”的形象。在传说和歌曲中，它是一种看起来无害的动物，灵活狡猾，能够战胜比它大很多的动物。在西印度群岛上，奴隶们口中的“骗子”是非洲神话中的那只名叫安纳西（Anansi）的狡猾的蜘蛛。[①] 而在美国奴隶们的心中，“骗子”指的是只有一条短尾巴的“贝尔兔”（Brer Rabbit）。[②]“兔子是最狡猾的动物。”一百年前，一个当过奴隶的人在和民俗研究学者的会谈中说道：

> 它不是最大的动物，它是最狡猾的动物。它从陷阱里出来的时候，会把另一只动物拉到陷阱里去。当它掉落水桶时，它会大声哭喊吗？显然不会。它会大声地吹哨子、唱歌。一只狼经过水桶，听到了它的声音，狼低下头看到了兔子。兔子说：“赶紧走。这里没法儿装下两只动物。上面应该很热吧，下面倒是很凉快。你为什么不跳进水桶里，感受一下。”这番话让狼按捺不住，于是它跳进水桶里……狼下去了，兔子上来了。每当兔子经过深井时，兔子便会笑着说：“这就是人生，有起也有落。”[5]

在一个最有名的贝尔兔的故事中，狐狸做了一只涂有沥青的玩偶

---

① 我母亲是西印度群岛人，小时候大人们就给她讲安纳西的故事。我们小时候，她又把这个故事告诉了我和我的兄弟们。安纳西是一个流氓，为了自己的私欲，他欺骗、牺牲了自己的孩子（他有许多孩子）。我母亲是一个严肃的牙买加妇女，但在讲安纳西的故事时，她看起来顽皮极了。

② 在《黑人文化和黑人意识：从奴隶制到自由的美国黑人思想》（*Black Culture and Black Consciousness: Afro-American Folk Thought from Slavery to Freedom*）一书中，劳伦斯·莱文（Lawrence Levine）写道：“就像奴隶们所说的那样，这只兔子被迫要去做一些不得已的事情。它的尾巴很短，它有一定的智力，它有能力，这些就足够了。它听他们的话，为了达到目的不择手段。它可能会因此身败名裂，但是至少它能活下来，甚至征服敌人。”

来骗兔子。贝尔兔要去拿那个玩偶，却被沥青黏住了。它越努力要把自己和那只沥青玩偶分开，就被黏得越紧。“狐狸，我不在乎你对我做了什么。”兔子央求沾沾自喜的狐狸，“但是请不要把我扔在那片荆棘丛里。”狐狸当然那么做了。而生来就在荆棘丛里打滚的兔子，就用荆棘将自己和玩偶分开，然后逃跑了。狐狸的诡计没得逞，而兔子则坐在附近的一根树桩上，满脸胜利的表情，试图“用刀片把头上的沥青弄掉”。

恶作剧精灵的故事带有一种美好的愿望——奴隶们梦想有一天能和那些白人平起平坐。但就像历史学家劳伦斯·莱文所写的，这些故事同样“具有痛苦的现实意义，它们教会人们如何在不利环境中生存并获得胜利”。美国黑人寡不敌众，力量上也处于弱势。贝尔兔的故事中蕴含了这样一个道理：如果弱者愿意发挥自己的聪明才智，他们是能在力量悬殊的战争中获胜的。贝尔兔了解狐狸的某种性格，而恰巧狐狸并不了解自己的这种性格。兔子知道这只狐狸居心不良，兔子害怕什么，就会迫不及待地做什么。所以是狐狸掉进了兔子设计的圈套，兔子打赌狐狸一定无法容忍一只比它小的动物来教它怎么做。莱文指出，在美国黑人长期遭受迫害的过程中，他们已经深谙此道：

> 从19世纪奴隶制观察者和白人主人留下的记录中可以看到，有很多奴隶都会说谎、作弊、偷窃、装病。他们喜欢游荡，假装听不懂主人的命令，会在棉花篮子里装石头，以达到自己应该采摘的棉花重量；他们会破坏工具，烧掉主人的财产；会为了逃避工作而让自己变成残废；他们不去管种植的那些农作物；他们虐

待牲畜，主人因此觉得他们必须饲养一些效率低的骡子，而不是马，因为骡子更能经受住奴隶们的虐待。

阅读障碍患者通过培养另一种技能来弥补自己缺失的阅读能力。有时候，这种缺失其实是一种巨大的优势。深处爆炸环境中，或者身为一个孤儿，这可以成为“侥幸脱险”的经验，它能保护你不被彻底击垮。而这两种状态也可能是“死里逃生”的经验，它能让你变得更强大。这就是大卫的机会：看似是困难，实则是值得经历的困难。恶作剧精灵的故事是第三种值得经历的困难：当你没有什么可以失去的时候，你会发现一片意料之外的自由之地。恶作剧精灵学会了如何打破常规。

怀亚特·沃克（Wyatt Walker）是马丁·路德·金领导下的南方基督教领袖联合会的执行主任。沃克一开始就在伯明翰工作，他将马丁·路德·金手下一些战斗力薄弱的军队整编起来，以对抗种族主义者。马丁·路德·金和沃克都清楚他们无法以常规的方式获胜。他们无法在民意调查领域、在街上或者法庭上打败“公牛”康纳。他们不能跟他硬碰硬。他们要做的就是，把自己当成贝尔兔，然后让康纳将他们扔到荆棘丛里。

“怀亚特，”马丁·路德·金说，“既然你知道怎么制造危机，那你就去制造一个危机出来，逼‘公牛’康纳露出底牌。”沃克的确这么做了。怀亚特·沃克制造的那个危机就是那张照片——一个少年正被一只警犬袭击，他的身体前倾，双手无力地垂着，仿佛在说“咬我啊，我就在这里”。

4

怀亚特·沃克是马萨诸塞州的浸信会牧师，于1960年加入马丁·路德·金的民权组织。他是马丁·路德·金的左膀右臂，是活动组织者，也是解决问题的高手。他还是一个擅长搞恶作剧的人。他身材颀长，气质优雅，聪明睿智，富有幽默感；嘴巴旁边长有一撮像铅笔尖一样的小胡子。每周三下午他都会去打一次高尔夫球。对他来说，女人都是迷人的宝贝儿，他常说“宝贝儿，我并不难相处，我只是有点儿完美主义倾向”。[6] 他年轻时就加入了共产主义联盟，他总是打趣说，这是认识年轻女人的唯一方法。历史学家泰勒·布兰奇（Taylor Branch）写道：“在大学里，他总是戴着深色眼镜，活脱脱一个托洛茨基[①]的翻版。”[②] 有一次，他在弗吉尼亚州的一个小镇彼得斯堡布道时，带着家人和几个随从出入当地只允许白人进出的公共图书馆，意在让政府以触犯镇种族隔离规定的罪名将他抓进监狱。你知道他朝摄影师和记者挥手时，手上正拿着什么书吗？是美国南方白人英雄罗伯特·E. 李的传记。李是美国南北战争时期的一位将军，带领联盟军打

① 托洛茨基，世界历史上最重要的无产阶级革命家之一，自视为布尔什维克列宁主义者，其政治信仰与斯大林主义和毛泽东思想有很大不同。斯大林视托派为最可怕的敌人。斯大林执政后，托洛茨基于1927年被流放，1940年被暗杀。——译者注

② 历史学家泰勒·布兰奇这么描述沃克：“沃克性格暴躁。20世纪40年代，他在新泽西高中读书。他听保罗·罗伯逊（Paul Robeson）说，想要拥有自由和平等的话，就要参加红色政党，于是他成了红色政党的一员。沃克迅速地加入了共产主义联盟。高中时，他写了一份美国苏维埃型经济五年计划。他还梦想有一天可以实行一次精密的暗杀行动，杀死那些种族主义者。”

败了奴隶制军队。这是典型的怀亚特·沃克做派。他很开心自己因为触犯彼得斯堡种族隔离规定而被抓进监狱。同时，他也确信自己能够掀起小镇内在的冲突。

马丁·路德·金、沃克和弗雷德·沙特尔斯沃思组成了“伯明翰三巨头”。沙特尔斯沃思曾长期领导伯明翰的民权运动，他是当地的传教士，是三K党杀不死的人；马丁·路德·金是倡导者，亲切且充满魅力；沃克则是隐藏在背后的那个人。在伯明翰，很多“公牛”康纳的手下都不知道沃克的长相。马丁·路德·金和沙特尔斯沃思脾气比较平和，但沃克不是。“如果你惹到我了，我也不会对你客气，”沃克这么形容自己的行事风格。“我没空说什么‘早上好’‘下午好’‘你感觉怎样’之类的话。我们是来革命的，这才是头等大事。”

一次，马丁·路德·金在伯明翰发表演讲时，一个体重达200磅的白人冲上舞台，抡圆了拳头就朝马丁·路德·金打过去。马丁·路德·金的助手冲过去保护他。麦克沃特写道：

> 人们震惊地看着马丁·路德·金，因为他此时成了攻击者的保护人。马丁·路德·金热情地握住了他的手。这时听众唱起了抗议歌曲。马丁·路德·金告诉这名白人，他们的动机是正义的，暴力是一种自我贬低的行为，还说“我们终将胜利”。然后，马丁·路德·金就像介绍一个意外来访的客人一样，把他介绍给了众人。这个白人名叫罗伊·詹姆斯（Roy James），24岁，纽约人，住在佐治亚州阿灵顿的美国纳粹党宿舍。他在马丁·路德·金的怀里哭了起来。

马丁·路德·金是道德绝对主义的拥护者，即使受到攻击时，他也不会做出违背自己原则的事情。沃克则常说自己是一个实用主义者。他曾被一个“像山一样的巨人”(身高约1.95米，体重达118千克)袭击，当时他正站在北卡罗来纳州的某个县政府大楼前面。沃克可没有拥抱攻击他的人，他起身反击。每次攻击者打他时，沃克就会滚到大楼的台阶上。但他总是会起身，进行更猛烈的反击。当他第三次倒下，就如他自己所说：“他抓住我，打得我几乎失去意识。我又第四次起身。如果那时我带着剃刀的话，我会剐了他的。”

在某个著名的夜晚，沃克、沙特尔斯沃思和马丁·路德·金三人正往蒙哥马利的第一浸信会教堂走去，他们要去给那边的1 500人布道。当时教堂外面聚集着一群愤怒的白人暴徒，他们威胁说要烧毁教堂。不出所料，马丁·路德·金又站了出来，发表他的高尚演说。“拯救楼上那些人的唯一方法，”他告诉另外两个人，“就是我们向这些暴徒投降。”沙特尔斯沃思一向沉着冷静，他同意这样做：“嗯，如果我们必须这样做的话，那就做吧。”沃克呢？他看了看马丁·路德·金，自言自语道：“这个人肯定是脑子坏了。”[①](在最后一刻，联邦的军队过来了，疏散了人群。)之后，沃克成了非暴力主义的拥护者。不过，他总给人这种感觉，即过于宽容并非人的本性。

“有时候为了完成工作，我会调整或者改变我的道德准则。我一向都注重结果。”他曾这么说，“我这么做的时候是有意识的。我无从选择。不过对付‘公牛’康纳可不是在处理什么道德问题。”沃克喜

① 沃克接着又说了一句话：“我们向那些暴徒投降，不就正好顺了他们的意？让他们把我们打死算了。”

欢捉弄康纳。“我来伯明翰，就是来骑‘公牛’的。”他一来伯明翰便这么说，当时的他两眼放光。他讲话可能带有些许南方口音。他对当地警方说有“黑鬼”正前往某处举行抗议活动，这其实是他自己捏造出来的事情，但警察相信他并采取了行动，于是警察竹篮打水一场空。有时候，他也会举行游行示威，但是他的游行示威看起来根本不像游行示威，他只会带着人们一趟趟地转圈——穿过办公大厅，又沿着小巷往下走，一直到把警察惹恼了才肯罢休。“哦，那真是一段美好的时光。”他说道，想起了自己在伯明翰的那些恶作剧。沃克知道，他不能把这些事告诉马丁·路德·金，因为马丁·路德·金肯定不会同意的。沃克就这样做着自己的恶作剧。

“我想，像我这样的黑人，应该都懂得看白人的脸色行事。”伯明翰运动后，沃克在一次冗长的采访中对诗人罗伯特·佩恩·沃伦（Robert Penn Warren）说道，“我们可以从语气的细微差别中判断出白人的心思。有时候他们会强调第一个音，有时候其声调又比较深沉，有时候其声音则比较尖锐。你知道的，一些发生在普通的、正常环境中的东西是没有意义的，然而，有时它们也会具有某种极为深刻和鲜明的意义。”

沃伦谈到了美国黑人传统中的恶作剧精灵的民间故事。这时，你可以从沃克脸上看到他那一抹狡黠的笑容。“对”，沃克答道，他正跟“主人”开一些“纯粹的玩笑”，他说“你知道他想听什么，所以你就说什么，而他却捕捉不到你的言外之意”。[7]

人们都称马丁·路德·金是“领袖”，而有时候，他们也会称他为“上帝”。而沃克才是那只兔子。

5

沃克制订的伯明翰运动计划被称作“C项目”——对抗运动（confrontation）。他们的阵地就在第16街的浸信会教堂，毗邻凯利·英格拉姆公园，离伯明翰市区几个街区远。C项目共包括三个部分。相比第三场运动，前面两场运动声势更浩大，也更刺激。起初是针对当地公司的静坐示威。这样做是要吸引媒体的目光，让他们注意到伯明翰的种族隔离问题。晚上，沙特尔斯沃思和马丁·路德·金会领导黑人团体进行群众集会，以保持士气。第二阶段是联合抵制市区企业，给白人团体施加财政压力，让他们重新思考自己对黑人顾客的所作所为。（比如，在社区商店里，黑人不能使用洗手间或者更衣室，因为白人害怕接触到黑人接触过的那些物品和衣服。）第三个阶段则是一系列游行示威活动，以支持联合抵制运动，并让监狱人满为患。一旦牢房不够用了，康纳就不能以抓一些抗议者的方式来解决民权问题，他就得直接想办法来解决这个问题。

C项目是一个高风险项目。因为如果该项目要起作用的话，康纳就必须反击。就像马丁·路德·金说的，逼康纳“亮出底牌”，让全世界的人知道他的丑陋面目。可是他们无法保证康纳会进行反击。马丁·路德·金和沃克刚刚结束佐治亚州的奥尔巴尼运动。他们之所以失败了，是因为奥尔巴尼的警察局长劳里·普里切特（Laurie Pritchett）没有落入他们的圈套。他吩咐警察局的同事，不要使用暴力。他友好而有礼貌。也许他对民权思想并未改观，但他给予了马丁·路德·金一份尊重。北方的媒体纷纷来到奥尔巴尼，报道这场白人与黑人之间的对抗。然而他们惊讶地发现，他们相当喜欢普里切特。马丁·路德·金后来被关进了监狱。第二天，监狱里来了一个穿着考究的神秘人物——据说是普里切特派来的——将金保释出来了。如果你刚进监狱就被人保释出来，你怎么会是可怜的人？

普里切特曾一度搬到市区的汽车旅馆居住，这样只要发生暴力活动，他就可以及时制止。在与马丁·路德·金进行漫长的协商期间，普里切特接到了秘书拿过来的一通电报。多年后，普里切特谈起了这一段插曲：

> 因为马丁·路德·金先生问我这是否是一个坏消息，所以我……得看一下电报的内容。我回答他："不是的，马丁·路德·金先生。这天刚好是我和我妻子结婚12周年的纪念日，所以她给我发了一通电报。"他说——我永远也不会忘记这些话，这些话表明我们之间的相互理解——他说："您刚才说今天是您的结婚纪念日？"我说："是的。"接着我又说："我至少有三周没回家了。"他说："好吧，普里切特局长，您今晚就回家吧，哦不，现在就回去。您应该去庆祝一下。我向您保证，从现在开始一直到明天，佐治亚州的奥尔巴尼不会再有任何事发生。您可以走了，带您的妻子去吃顿晚餐，做一些想做的事。明天早上10点，我们再继续协商。"[8]

普里切特没有把马丁·路德·金扔到荆棘丛里。民权运动在这里没有希望了。没过多久，马丁·路德·金便收拾行装离开了奥尔巴尼。①

沃克知道，在奥尔巴尼的民权运动失败后，如果伯明翰的运动也失败的话，那将会带来灾难性的影响。当时，绝大多数的美国家庭都会观看晚间电视新闻。沃克极其希望能将 C 项目推到台前，让其成为晚间新闻的热点。他也知道，如果人们认为运动的前景不明朗，那么新闻媒体便会对它失去兴趣，转而去报道其他东西。

“一般来说，沃克就是要保证一切都顺利进行。”泰勒·布兰奇写道，“如果显示出他们的力量，来自外部的支持也会相应地增多。他们一开始就不能落后……沃克说，无论如何，伯明翰运动的规模一定不能比奥尔巴尼的小。也就是说，他们要一次性把 1 000 人送进监狱，也许人数还要更多也说不定。”

在几周的时间里，沃克眼看着运动慢慢地失去了之前的势头。伯明翰的很多黑人都担心因为自己被视作马丁·路德·金的同伙而被白人老板解雇。其实有这样的担心无可厚非。4 月的时候，马丁·路德·金的助手在教堂做弥撒时对 700 名群众进行动员，但只有 9 个人愿意和他们一起去游行示威。隔天，马丁·路德·金的另一位助手安德鲁·杨（Andrew Young）又动员了一次，结果只有 7 个人愿意去。

---

① 事实上，普里切特到过伯明翰，他告诉“公牛”康纳要提防马丁·路德·金和沃克。他想教教康纳如何对付这些民权运动的“骗子”，但是康纳根本没听进去。[9]“我永远也不会忘记，当我们走进他的办公室时，”普里切特回忆起往事，“他背对着我们……坐在一把巨大的办公椅上。当他转过身时，我们看到了一个身材矮小的男人，你应该知道我说的是什么。他的声音很有力，他告诉我那天他们停课了……什么‘他们可以打打高尔夫球，不过我们用混凝土把球洞堵住了。他们没办法把球打进洞里’。听了这些话，我大概就知道他是个什么样的人了。”

当地保守的黑人报纸称 C 项目“浪费人力和物力，且毫无价值”。那些聚集在伯明翰，准备看白人和黑人对抗的记者和摄影师都有些不耐烦了。康纳偶尔会抓人，但在大部分时间里，他只是不动声色地观望。马丁·路德·金一直往返于伯明翰和亚特兰大总部，这期间，沃克一直和他保持联系。“怀亚特，”马丁·路德·金跟他说了好多次，“既然你已经找到方法，那就让康纳露出底牌。”沃克摇摇头：“领袖，我还没找到方法。但我会去找的。”

棕榈主日[①]那天，民权运动终于有了突破。沃克和 22 名抗议者正准备出发。游行示威由马丁·路德·金的弟弟阿尔弗雷德·丹尼尔（被称为 A. D.）领导。“我们的群众会集速度比较慢。”沃克说，“本来我们预计在下午 2 点半左右完成的，但一直到 4 点才最终完成。那时，群众都知道我们要进行示威游行了，于是纷纷跑到大街上。他们已经准备好要游行了。当时共有 1 000 多人在这三个街区里走动，边上站满了人，他们都在看。”

隔天，沃克打开报纸，想看看媒体的报道。他惊讶地发现记者完全搞错了。报纸上说在伯明翰游行的人有 1 100 人。“我打电话给金博士，跟他说：‘先生，我做到啦！’”沃克回忆道，“‘电话里说不清楚，但我就是做到了！’我们每天做的事就是延长集会时间，让人们下午下班回家时更晚一些。这样会造成一种错觉，就像有 1 000 多人似的。我们只会在 12 点、14 点、16 点、18 点进行游行。报纸上说我们有 1 400 人在游行。”

---

① 棕榈主日（Palm Sunday）又译为圣枝主日，指复活节前的星期日。——译者注

这种情形就和龟鹿赛跑——最有名的“骗子”故事之一——如出一辙。小龟狡猾地藏身于终点线，而让自己的亲戚去和小鹿比赛。这样会给人一种错觉，仿佛它一直都在跑似的。到达终点线的时候，它出现在小鹿前面，赢得了胜利。小鹿完全傻了。这只小龟知道，对于小鹿来说，“所有龟长得都一样，小鹿压根儿分辨不出哪个是真正的它”。

弱者必须要学会洞悉强者说话时语调的细微差别——他们是强调第一个音，还是用深沉的声调，抑或尖锐的声音在说话。他们能否生存就看他们的这项本事了。而强者就不需要看弱者的脸色了。小鹿轻视了小龟。对它来说，小龟只是一只乌龟而已。伯明翰的那些精英阶层就如同小鹿。“他们只会视而不见……在这些白人的眼里，”沃克兴高采烈地解释道，“他们不能区分出黑人示威者和围观者。他们只知道，那些都是黑人。”①

康纳是一个骄傲自大的人。他总是在伯明翰吹嘘：“在这里，我们有自己的法律。”每天早上他都会在莫顿酒店喝波本威士忌，他常说马丁·路德·金“会搞死那些黑鬼”。而此时的他看向窗外，望着他面前的一只只小龟。他震惊了。这想象中的 1 000 多名抗议者其实是在挑衅他。“‘公牛’康纳心想，不能让这些人去市政厅。”沃克说，“我向上帝祈祷，希望他会一直来阻止我们……如果‘公牛’让我们去市

① 这是沃克行事的精妙之处。有一次，伯明翰当局向法院申请发布针对南方基督教领袖会议的禁令。这意味着沃克必须出庭。问题是：如果沃克出庭了，他如何去领导民权运动？后来，沃克去法庭报到了，之后每天都由他人顶替他去法庭报到。有什么行不通的呢？他说：“你也知道，黑人长得都一样。”

政厅，伯明翰的运动也就失败了。所以我祈祷他不要让我们去市政厅。如果他打开市政厅的大门让我们进去了，我们还能搞出什么新花样来？那也就相当于没有什么运动、宣传了。所以，求求你，康纳兄弟。不管你做什么都好，就是不要把我们扔到‘荆棘丛’里。”[10]而康纳还真的就这样做了。

进行抗议活动的一个月里，沃克和马丁·路德·金都承受了很大的压力。伯明翰团队中有一个叫詹姆斯·贝弗尔（James Bevel）的人，他和当地的学生共事，他吩咐学生要遵循非暴力抵抗原则。贝弗尔是一个擅长说谎的骗子。他个子高高的，秃头，戴着小圆帽，穿着工装裤，演讲时令人着迷。他总要人们安静地听他说话。（麦克沃特说他是“苏斯博士①笔下的战斗分子”。）4月的最后一个星期一，他在郡上的所有黑人高中分发传单：“星期四中午请到第16街的浸信会教堂。不要门票。”城里最受欢迎的电台音乐主持人——“花花公子”谢利·斯图亚特（黑人）向他的听众传达了类似的信息：“伙计们，公园里要开派对啦。”②美国联邦调查局（FBI）听到风声，将消息传达给了“公牛”康纳。他下令，所有逃课的学生一律要被开除，但这无济于事。孩子们成群结队地逃课。沃克称孩子们参与活动的那一天为“进攻日”。

下午1点，教堂的门开了。马丁·路德·金的助手将孩子们都放

① 苏斯博士是希奥多·苏斯·盖索的笔名，他是美国作家及漫画家。——译者注

② 斯图亚特是伯明翰的名人。美国黑人青年都收听他的节目。他传达给听众的信息的后半部分是“带上你的牙刷，因为他们会给你们提供午餐”。“牙刷”是一句暗语，真正的意思是：“盛装出席，准备好在监狱里待上几个晚上吧。”

了出去。他们高举着“自由”“我愿意为家乡的土地而牺牲”的标语。他们唱着“我们会克服困难”“我不会让任何人改变我的想法”。康纳的警察正在教堂外面等着他们。孩子们纷纷跪下来祈祷。接着，开着门的警车驶来了。又有12个孩子出来了。接着又是12个，12个，再12个。这时康纳的人才发现，事态严重了。

一个警官认出了弗雷德·沙特尔斯沃思。“嘿，弗雷德，这次你们叫了多少人？”

“至少有1 000人。”沙特尔斯沃思答道。

“哦，天哪。”

当天有600多名学生被关进监狱。

隔天是星期五，是“双进攻日”。这天有1 500名学生逃课，他们去了第16街的浸信会教堂。下午1点，他们从教堂里蜂拥而出。凯利·英格拉姆公园周围的街道都被警察和消防员封锁了。其实消防员来这里并不奇怪。他们的救火车里有高压消防水管、水枪。自20世纪30年代初德国纳粹党上台，水枪就一直是控制人群的主要工具。沃克知道，一旦游行示威的规模壮大起来，他们就能在人数上力压伯明翰的警察，而康纳就会命人使用消防水枪驱散人群。他巴不得康纳下令打开消防水枪。“伯明翰很热，”沃克解释道，“我告诉贝弗尔，尽量延长动员大会的时间。让消防员在太阳底下晒晒。等到他们脾气上来的时候，事情就成了。”

那些狗呢？康纳迫不及待地想要出动伯明翰的犬牙团[①]。那年早

① 犬牙团，指由狗组成的警察局的特殊部队，也被称为K-9组。——译者注

春，康纳在一次演讲中发誓说要用100只德国牧羊犬来对付民权运动的抗议者。“我要让他们看看狗的厉害。”康纳低声咆哮着。而当时凯利·英格拉姆公园的事态发展已经完全失控。没有人比沃克更开心了。他让孩子们走上大街游行，而康纳却想用德国牧羊犬来对付他们？马丁·路德·金团队里的每个人都知道，如果有摄影师拍下警犬攻击孩子的照片事态会如何发展。

康纳站在原地，眼看着孩子们离他越来越近。“别过来，”他说，“如果你们再往前，我们就拿水枪喷你们。”伯明翰的监狱已经满员，他没法儿再抓人了，因为抓了人也没地方关。孩子们一直前进。消防员犹豫是否要喷水，他们的职责并不是控制人群。康纳转身对消防队长说：“要么喷水，要么滚回家！”消防员扳动“小水枪”，水阀被打开了，水枪顿时喷出高压水柱来。孩子们紧紧抱在一起，身子往后倒。水柱冲湿了示威者的衣衫，有些人还被冲到墙边和门口。

而在教堂这边，沃克已经开始让孩子们往公园的另一头走。他们成了另一队前锋。康纳没有消防车了，但是他下定决心，不让任何一个示威者走进“属于白人”的伯明翰。“把警犬带过来。”康纳下令道，他召集了8个犬牙团。“你怎么不把那只最凶的狗放出来？”康纳朝着一个警察大喊大叫，“你怎么不带一只更凶的狗过来，这只狗不够凶！”孩子们走得更近了。一只德国牧羊犬朝着一个男孩儿扑了过去。男孩儿身子前倾，双手无力地垂着，仿佛在说：“咬我啊，我就在这里。”周六，这张照片上了美国国内各大报纸的头版。

怀亚特·沃克的行为会让你觉得不舒服吗？康纳第一次出动犬牙团时，当代民权运动的主将詹姆斯·福尔曼（James Forman）就和沃克在一起。福尔曼说沃克高兴得跳了起来。“我们成功啦，我们成功啦。那些警察凶残极了。”[11] 福尔曼看得目瞪口呆。沃克和他们每个人一样，知道伯明翰有多危险。马丁·路德·金给每个人分发悼词时，他就在房间里看着。他看到抗议者被警犬袭击时，怎么能高兴得上蹿下跳？①

进攻日过后，马丁·路德·金和沃克听到了各方的议论。负责审讯被逮捕的示威者的法官称，那些“误导孩子们”、让孩子们参加示威游行的人“应该被关进监狱”。国会的演讲台上，亚拉巴马州一名国会议员说利用孩子是“可耻的”。伯明翰市长则说这些把孩子当成“工具”的人“不负责任”，“是一些没脑子的煽动者”。黑人活动家马尔科姆·艾克斯（Malcolm X），致力于在任何领域消除种族歧视，是比马丁·路德·金还要强调民权的一个人。他说：“真正的勇士是不会把孩子送到前线的。”《纽约时报》发表社论，称马丁·路德·金陷入了“边缘政策的危机之中”，《时代》杂志指责马丁·路德·金将孩子当成“突击队”。美国当时的司法部长罗伯特·F. 肯尼迪（Robert F. Kennedy）告诫说，“学生参加街头示威活动是一种相当危险的行为”，还说“如果有学生因此受伤、残废或者死亡，没有人可以负得起这个

① 福尔曼写道：“当看到凶残的警察袭击无辜的人民时竟然那么开心，这种行为看似十分冷血，残酷无情……不管他的初衷是什么，他都不应该这样！”

责任”。[1]

周五晚上，也就是学生抗议活动的第二天，马丁·路德·金在第16街的浸信会教堂，与那些在抗议活动当天及前一天被逮捕的学生的家长进行了谈话。他们都深知，在伯明翰，作为一个黑人是很危险且令人感到羞耻的。“耶稣说他要去孟菲斯”。他们的孩子此刻在“公牛”康纳的监狱里遭受痛苦，你能想象他们是什么感受吗？马丁·路德·金站起来，试图指明当前情形：“他们不仅能从水中站起来，甚至还能潜入水中！”他还说：“那狗呢？我来告诉你吧。我从小就被狗咬，无缘无故被咬。所以为了坚持自由而被狗咬，我是不会在意的！”

没有人知道学生家长是否买账。马丁·路德·金突然话锋一转：“你们的女儿和儿子被关进监狱……不要担心他们……他们正在为他们的信仰遭受痛苦，他们所遭受的痛苦会让这个国家变成一个更美好的地方。”不担心他们？泰勒·布兰奇写了一些关于监狱的传闻（“真假都有”）：“到处是大老鼠，犯人睡的是硬邦邦的床，厕所总是满的，犯人还要被人殴打，进行粗暴的性病检查。”本来一间小牢房就只能关8个人，却一下关了75~80名学生。有些学生还被公共汽车运送到周围有栅栏的露天市场里关押，那里没有食物也没有水。下暴雨时，

---

① 马丁·路德·金在决定是否利用孩子之前，进行了漫长而艰难的思考。詹姆斯·贝弗尔一直在尝试说服他。最终，他做出了一个决定：如果一个孩子已经到了入教的年龄，他可以为自己的生命和灵魂做决定，那么他就可以为自己的生命和灵魂去斗争。在浸信会的教义中，一旦你到达入学年龄，你就可以入教。这就意味着马丁·路德·金同意利用六七岁的孩子来对付“公牛”康纳。

只能任凭雨淋。马丁·路德·金是怎么回答的？“监狱生活可以帮助孩子改掉不良的生活习惯，”他轻松地说，“如果他们想要书的话，我们可以带一些书给他们。我每次在监狱里都会抓紧时间读书。”

沃克和马丁·路德·金为拍到德国牧羊犬攻击男孩儿的那张照片费了不少劲。为此，他们需要玩一个复杂的骗人游戏。一方面，他们要做给“公牛”康纳看，让他错误地以为游行示威的人数有那么多——多达实际人数的百倍；另一方面，他们要做给媒体看，当“公牛”康纳让警犬袭击抗议者时，他们要假装震惊——而其实他们暗地里高兴得又叫又跳。在面对那些被他们当成炮灰的孩子的父母时，他们又要说冠冕堂皇的话——“公牛”康纳的监狱是一个可以让孩子们抓紧时间读书的好地方。

我们不应该对此感到震惊。沃克和马丁·路德·金还有其他选择吗？每个西方国家的孩子都知道乌龟和兔子的故事。在故事中，乌龟通过坚持不懈的努力最终打败了兔子。这是一个恰当且有借鉴意义的教训，然而这种情况只发生在这样的世界里：乌龟和兔子遵循同一个游戏规则，每个人的努力都可以得到回报。在一个不公平的世界里——没有人会认为1963年的伯明翰是公平的——乌龟只好出动它的亲戚，让它们顶替它去和小鹿赛跑。骗子并不是天生的骗子，他是迫不得已才成了骗子。在另一场伟大的民权运动中——发生在两年后的亚拉巴马州塞尔玛，一个来自《生活》杂志的摄影师为了帮助那些被警察殴打的孩子而放下了自己的摄影机。而后他受到了马丁·路德·金的责备：“因为你没有把这个画面拍下来，所以人们不知道发生了什么事。我并不是冷血，只是你当时该做的就是拍下那些被殴打的人，这件事比你去帮他们反击重要得多。”[12] 他需要那张照片。人们都责备他们利用了孩子。弗雷德·沙特尔斯沃思对此事做出了最好的回应：“我们只是利用了我们得到的一切。”

一个阅读障碍患者，如果他想成功，他也只能像马丁·路德·金他们那样做。这就是所谓的“不随和”。加里·科恩跳进出租车，假装自己很懂期权交易。显然，很多成功的阅读障碍患者都有相似的经历。好莱坞的制片人布莱恩·格雷泽大学毕业后，在华纳招商部做了三个月的实习办事员。当时他就推着车到处走。“我和两个工会的干事共用一间办公室。”他回忆道，“我的上司曾为杰克·华纳工作过，他马上就要离职了，他是一个很好的人。也就是在这间大办公室里，我对他说：‘我能用这间办公室吗？’那间办公室比我今天的办公室还大。他说：‘可以，用吧。’于是这间办公室就成了布莱恩·格雷泽的办公室。我可以在一小时内完成8小时的工作。我利用自己的工作之便，在办公室里接触到了所有法律合同、商务合同、华纳提交的处理意见，由此知道了华纳成功的原因，以及一些经过他们深思熟虑的东西。那一年，我汲取了很多关于电影业的知识和信息。我每天都会打电话给别人。我会说：‘我是布莱恩·格雷泽，我在华纳招商部工作。我想要见你。’”

后来，他被解雇了，不过这事发生在他把三个月的实习期延长到一年，并卖了两个创意（一个5 000美元）给美国全国广播公司（NBC）之后。

格雷泽和科恩这两个有阅读障碍的门外汉，他们玩了一个小把戏。他们通过糊弄人们得到了那些离他们最近的职位。出租车里的那个男人觉得，假如科恩不懂得期权交易的话，他也不知道自己认识的人里还有谁懂。如果布莱恩·格雷泽不打电话告诉人们他是来自华纳的布莱恩·格雷泽，他可能仅仅是那个在华纳推着车分发信件的布莱恩·格雷泽。他们做了不“恰当”的事，而马丁·路德·金他们利用孩子去对付警犬也同样不“恰当”。但是我们要记住一点，我们认为的“恰当”的定义并不那么简单。特权阶层为了阻止外人入内，只要把门关上就可以了——但“恰当”的定义没那么简单。大卫没有什么可输的。正因为他没有什么可输的，所以他才有权利选择是否遵循别人制定的规则。因此，那些与我们稍有区别的有头脑的人，他们能够成为期权交易员，能成为好莱坞制片人；那一小部分没有武器装备的抗议者，可以凭他们的聪明才智获得战胜“公牛”康纳这类人的机会。

“我还以为自己是世界上跑得最快的动物。”迷惑的小鹿在赛后说道。在比赛中，小龟使了一些手段，这些手段足够让它被世界上的任何一场比赛驱逐。“也许你看起来是跑得最快的，”小龟答道，“但我比你聪明。”

7

比尔·哈德森那张著名照片中的男孩儿名叫沃尔特·加兹登（Walter Gadsden）。他是伯明翰帕克高中二年级的学生，15岁，身高1.8米。他并不是示威者，他只是一个围观者。他来自一个保守的黑人家庭，他们家族在伯明翰和亚特兰大拥有两家报纸传媒公司。这两家报纸传媒公司都尖锐地批评过马丁·路德·金。那天下午加兹登逃课是为了去看凯利·英格拉姆公园的示威游行。

图 6-2　比尔·哈德森拍摄的关于美国民权运动的照片

照片中的警察叫迪克·米德尔顿（Dick Middleton）。他是一个谦逊、矜持的男人。麦克沃特写道："犬牙团经常会袭击一些无辜人士，结果是，人们常常会进行反击。警犬员也并非种族主义者。"那只狗名叫莱欧。

现在来看看背后那些看热闹的黑人。他们不是应该感到震惊或者害怕吗？他们既不震惊也不害怕。接下来再看看米德尔顿手上的那条皮带——绷得紧紧的。仿佛他很努力地要拽住莱欧。再看看加兹登的左手——他抓住了米德尔顿的前臂。看看加兹登的左腿——他正在踢莱欧，没错吧？加兹登后来说他从小和小狗一起长大，因此他知道该如何保护自己。“我本能地抬起膝盖，对着警犬的脸。”他说。加兹登并不是示威者，他的身子只是被动地前倾，好似在说“咬我吧，我就在这里”。他一直在让自己镇定下来，他的一只手抓着米德尔顿的胳膊，这样他就能踢出更有力道的一脚。后来，人们说加兹登踢碎了警犬的下巴。哈德森拍摄的照片完全不是人们想象中的那个样子。它倒是有点儿像贝尔兔的骗局。

你只能利用你得到的一切。

“当然，有人被警犬袭击了。”20 年后，沃克如此说道，“应该至少有两个。不过，一张照片胜过千言万语。”①

---

① 另有一些著名的照片，拍摄的是被康纳的消防水管袭击的抗议者。沃克对这些照片做了类似的解释。他说照片里的人和加兹登一样都是围观者，并不是示威者。他们整个下午都站在第 16 街的浸信会教堂外面，那天和伯明翰典型的春日一样，空气很潮湿，他们觉得很热。“他们在公园里集会时选的是一个阴凉的地方。消防员分别从公园的两个角落进行喷水，一个位于第 5 街，一个位于第 6 街。当时的感觉就像罗马假日，充满了节日气氛。围观者并不愤怒，只是他们已经等了很长时间，天渐渐黑了。于是，有人拿起了一块砖头，因为他们知道，事实上，他们当时在说：‘赶紧喷水，赶紧喷水啊。’那个人扔砖头的时候正好被‘公牛’康纳看到了，于是他让消防员打开水阀向人群喷水。所以那些人只是来欣赏水柱的。在这些著名的照片中，他们手拉着手，就像在嬉戏一样，他们试图站起来（莫名其妙），他们中有些人被水柱击倒了。于是他们放弃了，又跑回去，之后就在街上摔倒了。接着，另一个角落的水阀也被打开了，这次黑人（莫名其妙）跑向了那些水管。对他们来说，这是一个节日。这场节日的狂欢持续了几个小时。这真的就是纯粹的玩笑，大家心情很好，也都没什么恶意。人们对那些黑人围观者并没有多少尖酸刻薄的批评。而这对我来说，又是改变态度的另一个时机。当黑人被警察或者水管吓唬时，他们却完全轻视警察。他们就是开个玩笑。”

第三部分

权力的限制

我又转念一想，见日光之下，快跑的未必能赢，力战的未必得胜，智慧的未必得粮食，明哲的未必得资财，灵巧的未必得喜悦。所临到众人的，是在乎当时的机会。

传道书 9：11

• 7

遵守法律的决定是对风险和收益的
一种理性计算?

合法性原则：北爱尔兰的暴乱

1

当北爱尔兰问题发生时，罗斯玛丽·劳勒（Rosemary Lawlor）刚刚结婚不久。她和丈夫刚刚在贝尔法斯特买了房子。他们有了一个孩子。那是1969年夏天，北爱尔兰的天主教和新教两大教派都忧心忡忡，他们彼此扼住对方的咽喉，就这样共同生存了下来。该地区总是时不时地发生爆炸和暴乱。新教的激进分子——他们称自己为“保皇党”——在大街上扫荡，烧毁房屋。劳勒一家是天主教徒。在北爱尔兰，天主教是少数教派。他们每天生活在恐慌之中。

“我晚上回家的时候，”劳勒说，“会看到门上写着‘Taigs out’（天主教徒滚出去）。‘Taigs’是人们对爱尔兰天主教徒的一种贬义称呼。有时也写‘No Pope here’（这里没有教皇）。一天晚上，有人朝我们的后院扔了一枚炸弹，还好炸弹没有爆炸。我们真的很幸运。有一天，我去敲邻居家的门，结果发现她已经离开了。那天有很多人都离开了。我丈夫特里下班回来时，我问他：‘特里，发生了什么事？’

他告诉我，‘我们的处境很危险’。”

“那天晚上我们离开了家。我们没有电话。你也知道，那时候还没有手机。我们走到外面。我很害怕。我把儿子放在婴儿车里。我收拾了一些我们的换洗衣物。婴儿车底部有个托架，我们把衣服都放在那里面。特里告诉我：‘罗斯，镇定，我们就直接从这里走出去，记得要对每个人微笑。’我浑身都在发抖。我是一个只有十几岁的年轻妈妈。我19岁，结了婚，生了孩子，有了一个崭新的世界，有了一段崭新的生活。但当时的环境夺走了我的一切。可你知道吗？我无法阻止这一切发生。感到恐惧真是一件糟糕的事情，我记得我当时真的很害怕。”

他们知道的最安全的地方就是位于西贝尔法斯特的巴利莫非，那里住的都是天主教徒。劳勒的父母也住在那里，但是他们没有车。在当时动荡不安的贝尔法斯特，也没有出租车愿意冒险开进一个天主教街区。最后，他们以儿子病得很重，需要去医院为由，骗了一个出租车司机。关上车门后，特里告诉司机：“我想让您载我们去巴利莫非。”司机说：“哦，不，不，我不会载你们去那里的。”特里有把小匕首，他拿了出来，用匕首抵着司机的脖子说道：“你会载我们去的。”司机将他们载到了巴利莫非边界，在那里停了车。“我不管你是否会用这玩意儿刺我，”他说，“反正我不会再往里开了。”劳勒他们带着儿子，还有他们便所有的家当，疯狂地朝巴利莫非跑去。

20世纪70年代早期，局势进一步恶化。在某一年的复活节，巴利莫非发生了暴乱。英国军队进入了这个地区。一队装甲车在街上巡逻，车的保险杠上有带刺的铁丝网。劳勒推着婴儿车，走过那些握着自动步枪和配有催泪瓦斯弹的士兵身旁。6月的一个周末，街区边缘发生了枪战：一队持枪的天主教徒跑到马路中央，朝在一旁围观的新教徒开枪。信奉新教的保皇党为了反击，试图烧毁码头附近的一座天主教堂。双方激战了 5 个小时，均死伤惨重。城区里几百个地方着了火。有 6 人死亡，200 多人受伤。负责管理北爱尔兰地区的英国内政大臣从伦敦过来，看到这里一片狼藉，又仓皇跑回他的飞机里。“哦，看在上帝的面子上，给我一大杯苏格兰威士忌吧。”他把头埋在双手里，“多么血腥又可怕的地区啊。”[1]

一周后，一个女人来到了巴利莫非。她叫哈里雅特·卡森（Harriet Carson）。“她当时很出名，因为她曾在市政厅里拿起手袋对着玛格丽特·撒切尔的头砸了过去。”劳勒说道，“我从小就认识她。我记得当时她拿着两个壶盖，一顿猛敲，大喊‘出来啊，快出来啊。楼而菲地区的民众就要被杀死了’。她在大喊。我走到门口，我的家人都在那里。她喊道：‘他们被锁在自己的房子里，他们的孩子没有牛奶喝，他们没有茶喝，没有面包吃。出来啊，快出来，我们必须做点儿什么！”

楼而菲也是一个天主教街区，从巴利莫非翻过山就能到那里。劳勒以前在楼而菲地区上学。她的叔叔和好几个堂（表）兄弟都住在那里。她在楼而菲认识的人和她在巴利莫非认识的人一样多。英国军队在这里搜查到非法武器，便对该地实行了宵禁。

“我不明白‘宵禁’是什么意思，”劳勒说，“我什么也不知道。于是我只好问别人：‘宵禁是什么意思？’对方说：‘就是不让人们出门。’我说：‘他们怎么可以那样做呢？’我完全震惊了，相当震惊。‘什么意思？’‘我是说人们被锁在房子里，他们不能出来买牛奶或者面包。’而那些英国士兵，他们就踢门，砸门，进去乱搜一通，把别人的家弄得乱七八糟。我听到这些的反应是：‘什么？’每个人内心最关切的是，有人被锁在自己的房子里，而里面有孩子。你要知道，有的人家里有12个或15个孩子。你知道吗？事情就是这样。‘如果他们不能出门，那他们会怎么样？’”他们非常愤怒。

罗斯玛丽·劳勒如今已经60多岁了。她是一个坚强的老人，面颊红润，一头银白色短发，头发被梳向一边。她是个女裁缝，穿衣很有品位：她穿着一件鲜艳的花衬衫，一条白色的过膝宽松裤。虽然她说的是那些发生在她前半生的事，但她依然记得每一个细节。

“我父亲说：‘那些英国军队说他们是来这里保护我们的，但其实他们是来向我们发动攻击的——你等着看吧。’他说得一点儿没错。他们确实向我们发动了攻击。宵禁只是一个开始而已。”

2

北爱尔兰地区陷入混乱的同一年，经济学家内森·莱特斯（Nathan Leites）和小查尔斯·沃尔夫（Charles Wolf Jr.）撰写了一份如何处理叛乱的报告。莱特斯和沃尔夫为兰德公司工作。兰德公司是在“二战”后由美国国防部创立的，是著名的智囊机构。他们的报告为《叛乱和当局》（*Rebellion and Authority*）。在那个年代，当世界爆发暴力战争时，人人都会去读《叛乱和当局》。该报告为越南战争、警察部门处理动乱、政府对付恐怖主义提供了方案。它得出的结论很简单：

> 我们的分析基础是假设人们——包括个人和群体——都“理

性”地采取行为；是假设人们实施不同行为的成本和收益是可计算的，并且他们能依此做出选择……因此，要想影响大众的行为，需要做的既不是展示同情心，也不是神秘化，而是要理解个人或者群体实施行为时的成本和收益，以及这两项内容是如何计算出来的。[2]

换言之，叛乱从根本上来说就是一个数学问题。如果贝尔法斯特街上发生暴乱，那是因为实施暴乱者火烧房屋和砸碎窗户的成本不够高。莱特斯和沃尔夫写道，“需要做的既不是展示同情心，也不是神秘化”，意思是叛乱只与计算结果相关，与其他无关。如果你是当权者，你就不必担心犯法者会如何看待你的所作所为。你只需要表现得强硬，让他们在行动之前学会三思。

《叛乱和当局》中写了当时英国军队派驻在北爱尔兰的一个叫伊恩·弗里兰（Ian Freeland）的指挥官的事迹。他在“二战”期间的诺曼底登陆中表现优异，并于之后参加了镇压塞浦路斯、桑给巴尔叛乱的战争。他身材修长，背部挺直，下巴方正，手臂坚硬有力。他是“那种很清楚自己该做什么，并且会去做的人”。他刚到北爱尔兰时就知道自己的耐心有限，他不惧怕使用武力。英国首相给他下了命令：英国军队“要采取强硬措施，要让人看到他们对暴徒、持枪歹徒敢于采取强硬措施”。

1970 年 6 月 30 日，英国军队得到小道消息，说楼而菲地区巴尔干街 24 号的一栋房子里藏有炸药和武器。弗里兰立即调集了 5 辆车前往楼而菲地区，每辆车里都坐满了士兵和警察。他们在房子里搜出了私藏的枪支和弹药。屋外聚集着一群人。一些人扔出了石头，之后开始扔汽油弹。暴乱开始了。晚上10点，英国军队终于忍受不了了。一架装有扩音器的军用飞机飞到了楼而菲地区的上空，他们要求所有居民待在家里，谁出门就会被逮捕。街道清理完毕后，军队便开始挨家挨户搜查。违抗命令者会立即受到严厉的处罚。隔天早上，得意扬扬的弗里兰带了新教的两个政府官员和一行记者，站在卡车后的平板上，视察该地区的情况，环顾那些荒无人烟的街道——某个士兵后来形容他们是“正在猎杀老虎的英国统治者”。

英国军队是怀着好意来到北爱尔兰的。当地的警力其实很充足，英国军队来这里仅是为了帮助他们，充当北爱尔兰战斗双方的和平使者。这里并不是遥远的外国疆土，这是他们国家的土地，他们说着同样的语言，拥有同样的文化。英国军队拥有的资源、武器，他们的士兵数量、素质及作战经验使叛乱分子相形见绌。那天早上，弗里兰在空荡荡的楼而菲街区巡查，他相信自己和士兵们在这个夏末就能回到英格兰。然而他们并没有如期回到自己的故土。相反，这场本来只应持续几个月的暴乱却演变成了一场长达30年的血腥屠杀和大动乱。

英国军队在北爱尔兰自治区犯了一个低级错误。他们掉进了一个陷阱，他们误以为他们拥有的资源、武器，他们的士兵数量、素质和作战经验使叛乱分子相形见绌，他们就可以不理会北爱尔兰人民对他们的看法。弗里兰将军相信莱特斯和沃尔夫，相信他们说的那句“需要做的既不是展示同情心，也不是神秘化”。然而莱特斯和沃尔夫错了。[3]

“历史告诉我们，最彻底的变革起初并不是由革命者而是由愚蠢、粗暴的政府挑起的。”肖恩·麦克斯蒂奥芬（Séan MacStiofáin）回首北爱尔兰的那些早年岁月时曾这样说道。麦克斯蒂奥芬是临时被派到爱尔兰共和军（IRA）上任的第一任参谋长。“没错，北爱尔兰地区的情况就是这样的。”[4]

3

有一个最简单的方法，可以让你明白英国军队到底在北爱尔兰犯了什么错误。让我们一起来看一个关于教室的故事。这是一个幼儿园里的班级，教室的墙上刷着明亮的颜色，上面还有许多孩子们的画。这个班的老师叫斯黛拉。

这个关于教室的影片是弗吉尼亚大学柯里教育学院某个项目的一部分。影片很长，我们可以从中感受到斯黛拉老师的性格，以及这个班级学生的性格。影片播放了几分钟后，我们就知道了，事情并没有想象中那么顺利。

斯黛拉坐在班级前面的一把椅子上。她一手拿着书，正大声地朗读课文：“……7 片西红柿”“8 个多汁的橄榄”“9 块芝士……”她前面站着一个小女孩儿，正跟着她朗读，而小女孩儿周围则是一片混乱，就像 1970 年夏天的贝尔法斯特一样。一个小女孩儿正在班里表演侧手翻，一个小男孩儿在做鬼脸。看起来，大部分学生都没有在认真听讲。还有一些学生则完全背对着斯黛拉。

如果你走进斯黛拉的班级，你会有什么想法？我猜你的第一反应会是觉得斯黛拉的学生都不守规矩。也许她所在的学校位于某个贫困地区，她的学生都来自问题家庭。也许她的学生并不尊重老师，也不热爱学习。莱特斯和沃尔夫会认为，斯黛拉应该制定几条班级纪律。像这样的孩子需要一个严厉的老师，他们需要规则。如果上课毫无秩序可言，谈何学习？

事实上，斯黛拉所在的学校并非处于某个糟糕的地区，她的学生也并不是特别不守规矩。刚上课的时候，他们举止得体，神情专注。他们渴望学习，也做好了学习的准备。他们看起来一点儿都不像坏孩子。只有在学习课文时他们才会行为不端，他们只是用这种行为来回应斯黛拉的行为而已。是斯黛拉引起了教室的混乱。怎么会这样？因为她教孩子们读课文的方式糟糕透顶。

斯黛拉让那个小女孩儿跟着她读课文，以便吸引其他同学的注意。但是这两个人之间的互动极其迟钝、不自然。“看看她的身体语言，”弗吉尼亚的研究人员布里奇特·哈姆雷说道，当时我们都在看斯黛拉，“她仅仅是在对那一个孩子说话，其他人根本没有参与进来。”她的同事罗伯特·皮安塔又说了一句：“没有节奏，没有步调，什么都没有。她做的事情没有任何意义。”

于是，班级开始出现混乱。小男孩儿开始做鬼脸。小女孩儿做侧手翻时，斯黛拉完全无视这一行为。她右边的三四个孩子鼓起勇气，想要跟着她一起读书，但是斯黛拉的视线锁定在书本上，没有给他们任何鼓励。而在她左边的五六个学生则完全背对着她。他们这么做是因为感到困惑，而不是因为他们本身不守规矩。站在斯黛拉前面的那个小女孩儿完全挡住了他们的视线，他们没办法再往下听了。我们常常认为不守规矩需要强权来纠正：因为学生行动怪异，所以老师才会采取严厉的措施。斯黛拉的学生则让我们看到了完全不同的东西：因为面对强权，所以我们才不守规矩。如果老师没做好自己的本职工作，学生就会变得不听话。

“人们看到这样的班级时，总会认为出现了行为问题。”哈姆雷说。我们看到斯黛拉的一个学生将身体和脸都转了过去，尽力避开老师。“但我们观看这段影片的时候，发现了其中一个事实，这个班级的问题在于兴趣，而非行为。如果老师做一些很有趣的事，那么孩子们肯定会对此感兴趣。老师们不应该有‘我来控制你的行为’这种想法，相反，她应该想的是：‘我要做些什么有趣的事，才能在第一时间防止你不守规矩？’”

皮安塔和哈姆雷播放的下一段影片，呈现的是三年级教师给学生布置家庭作业的画面。老师给每个学生发了一份作业。老师和学生一起大声朗读作业的要求。皮安塔被该画面惊呆了。“我在想，像唱歌一样对着一些8岁的小孩子念作业说明，是一种近乎不尊重学生的行为。”他说，“为什么我会这么说？这其中难道还有什么教学目的可言吗？”孩子们肯定知道怎么念。这就像你去餐厅，里面的服务员在给你看菜单的时候，照着菜单上的菜名给你念了一遍。

在朗读过程中，坐在老师旁边的一个男孩儿举起手。但老师没有看他，而是伸出手，抓住他的手腕，把他的手摁了下来。另外一个孩子，他已经开始做作业了——这种行为完全符合逻辑，因为他觉得老师做的事情根本没有意义。老师尖锐地对他说道：“孩子，这是家庭作业。”这是一个讲纪律的时刻，而这个孩子破坏了规矩。老师的回应强硬且直接。如果关掉声音，再来看这一幕，你会觉得这对莱特斯和沃尔夫很适用。但如果你听到那位老师的说法，并从孩子的角度去想想这种行为，那事实就很清楚了：该行为不会产生任何预期的效果。这个小男孩儿不会再想去遵守规定。相反，他会觉得愤怒，而且特别失望。为什么？因为这种惩罚完全就是老师独断专横的表现。他不能说话，不能为自己辩解。他想学习。如果这个孩子以后目中无人，那就是他的这位老师造成的。就像斯黛拉那样，她把一个渴望学习、认真听讲的孩子变成了一个会在教室里玩儿侧手翻的顽童。当拥有权力的人想让其他人做出某种行为时，他们首先应该看看自己的行为表现——这是最关键的一件事。

这就是所谓的“合法性原则”（principle of legitimauy）。合法性共有三条基本原则。第一，那些被要求服从权威的人必须要有发言的权利——如果他们发言的话，掌权者要能听到他们的声音。第二，法律要具备可预见性。人们要能合理地对法律进行预测，明天的法律大致和今天的法律一样。第三，掌权者必须公平。他们不能歧视任何一个群体。[5]

所有好的父母都明白这三条原则的内涵。如果你想阻止弟弟打姐姐，你就不能对着弟弟大吼；而当姐姐打弟弟时，你也不能区别对待姐姐。如果弟弟说他真的不是有意打姐姐的，那你得给他解释的机会。你如何实施惩罚和惩罚本身一样重要。因此，斯黛拉的故事就不那么令人意外了。任何一个学生都知道，对一个老师来说，赢得学生的尊重是很重要的。

然而，较难理解的一点在于这三条原则在法律和秩序领域的重要性。我们都知道我们的父母、老师是什么样的人，因此我们在家里讲的合法性很好理解。但决定是否抢劫银行或枪杀他人，似乎属于完全不同的行为范畴。莱特斯和沃尔夫在对抗犯罪分子和叛乱分子一事上说“需要做的既不是展示同情心，也不是神秘化”这句话时，就是这个意思。他们是在这个层面上说出这样的话的，即遵守法律的决定是对风险和收益的一种理性评估。这并不是在贬低他们，但他们确实错了，因为犯罪分子和叛乱分子做出这些行为的原因其实与合法性有关，就像教室里孩子们的行为一样。

4

让我给你举个例子吧。过去几年，纽约市布朗斯维尔街区的居民参与了一个实验。布朗斯维尔位于布鲁克林区东部，居民只有 10 万人左右。要去那里，得经过帕克坡（Park Slope）那些优雅的褐色建筑及皇冠高地（Crown Heights）的犹太教堂。① 一个多世纪以来，这里一直是纽约市最贫困的地区。布朗斯维尔有 18 个公共住宅区，比城市里的任何一个区都多。这些住宅高耸入云：一层又一层黯淡无光的楼层，外墙铺设的砖毫无特色，使用的都是混凝土。虽然过去 20 年来纽约市的犯罪率陡然下降，布朗斯维尔的犯罪率却仍居高不下，该

---

① 很多令人印象深刻的名人都来自布朗斯维尔：两个重量级拳击冠军迈克·泰森（Mike Tyson）和里迪克·鲍（Riddick Bowe）、作曲家阿隆·科普兰（Aaron Capland）、“三个臭皮匠”{由摩尔（Moe）、谢姆普·霍华德（Shemp Howard）[后来换成他的弟弟克里（Curly）]、拉里·弗埃（Larry Fine）饰演}、电视节目主持人拉里·金（Larry King）等。在这里就姑且不说那些篮球、足球、棒球明星了，太多了。重点是他们都“来自布朗斯维尔”，但没有人能保证他们一直都待在布朗斯维尔。

区的街上总是有成群的青少年在游荡，伺机抢劫路人。警察局时不时地会增派人手进行巡逻，但成效不大。

2003 年，一个名叫乔安妮·杰弗（Joanne Jaffe）的警察成为纽约市房屋管理局[1]局长。该局的首要工作是处理布朗斯维尔的犯罪问题。杰弗决定采取一些新的举措。她列了一张过去 12 个月内在布朗斯维尔至少被逮捕过一次的青少年名单。名单上共有 106 人，他们总共被逮捕了 180 次。杰弗假设每一个因拦路抢劫被逮捕的人可能有 20~50 次犯罪时未被警察发现，按照她的算法，这 106 个青少年应该为去年的 5 000 起犯罪案件负责。

接着她成立了一个警察工作小组，让他们联系名单上的每一个人。“我们告诉他们每个人，‘你是我们项目中的一部分’，”杰弗解释道，“‘这个项目会给你选择的机会。我们想尽我们所能让你回到学校去念书，帮助你拿到高中毕业证，让你去为你的家庭努力，去了解你家里的需求。我们会给你提供工作机会、教育机会、医疗救治机会——所有我们能提供的东西。我们想要和你一起努力。但是你必须停止一切犯罪行为。如果你不停止犯罪，又因为某件案子被捕的话，我们会不遗余力，让你一直待在监狱里。我不管你犯的是多么轻的罪名。总之，我们时时都会盯着你’。”

这个项目叫作 J-RIP（Juvenile Robbery Intervention Program，即青少年抢劫干预计划）。该项目并不复杂——至少从字面上来看是这样的。J-RIP 是一种标准化的、高强度的现代警察服务项目。杰弗让

① 纽约市房屋管理局全称为纽约市警察局房屋管理局（New York City Police Department Housing Bureau），1955 年并入纽约市警察局。——译者注

J-RIP 工作小组驻扎在某住宅区停车场的拖车式活动房屋里，离附近的警察局并不远。她给 J-RIP 小组配备了所有可用的监控工具。他们列了一张“J-RIP 会员”名单——其实就是那些曾被他们逮捕的人的名单。他们从脸谱网（Facebook）上下载了这些人的朋友的照片，从中找出他们的帮派关系。他们和这些人的兄弟姐妹、父母谈话，为每个人制作了一张巨大的涵盖朋友关系、帮派联系的网状图——这和情报组织追踪可疑恐怖分子的方式相同。

“我的手下每天工作 24 小时，每周工作 7 天。”杰弗说，“所以一旦名单上的人被捕，如果我觉得有必要的话，我就会把此人送到工作小组去。我不在乎他是不是在布朗克斯，也不管当时是不是在深夜。只要行为不端，后果就是这样，他们都知道会发生什么。整个流程很快。只要被捕，他们马上就能见到我。”

她接着说：“我告诉他们：‘我去你家的时候，你可以砰的一声关上门。没问题。但我还是会在街上碰到你。我还会向你问好。我会调查关于你的每一件事。你坐火车从布鲁克林去布朗克斯，我能查出你坐的是哪一趟车。’我们曾对某个人说：‘约翰尼，明天来 J-RIP 办公室一趟。’他来了，我们跟他说：‘昨天晚上，有人在布朗克斯拦住你，给了你一张传票。’他说：‘什么？’‘你当时和雷蒙·里韦拉、玛丽·琼斯在一起。’‘你们怎么知道的？’他们开始意识到我们无处不在，随时都在盯着他们。我们给每个孩子建立了一个文件夹，我们会给他们看我们搜集到的资料。我们告诉他们：‘孩子，你的一切都在这里。我们搜集了关于你的所有信息，还有你的照片。我们知道你参与了某件事，我们还知道你也许是某个帮派的成员，我们知道你的一切。’我们会查到他们在什么地方上学，他们在学校里都和什么人待在一起。他们不在学校里的时候，我们就会接到电话。这时我的J-RIP小组就会出动，去叫醒他们，让他们起床。”

这只是杰弗的策略的一部分。她还做了其他的事，只是这些事听起来不太像警察会做的事。比如，她花了很多时间去寻找适合在这个小组工作的警员。“我不能随便让一个警察来这边工作，”她说，这时的她看起来更像社工而不是警官，“我必须找一些爱孩子的警察，我必须找一些对孩子们没有任何负面看法的警察，他们要能够帮助孩子们，把孩子们送上正途。”至于小组负责人，她最终选定了大卫·格拉斯贝格（David Glassberg）。他之前是麻醉品管理人员，他自己也有几个孩子。

从一开始，杰弗就热衷于会见这些“会员”的家人。她想要了解他们。结果证明这是一件异常困难的事情。她进行了第一次尝试：她给每个家庭寄信，邀请他们去当地的教堂见面交谈。没有人来。然后杰弗就和她的团队挨家挨户地拜访。他们又一次一无所获。“名单上共有106个孩子，我们去了他们每个人的家，”她说，“他们只会说‘去你的，不要来我家’。”

项目实施几个月后，终于有了突破。“有一个孩子，”杰弗说道，她叫他约翰尼·琼斯，“他是一个坏小子，当时十四五岁。他和他姐姐住在一起，他姐姐十七八岁。他母亲住在皇后区。他母亲也讨厌我们。没有人愿意和我们一起帮助孩子。于是，就在2007年——J-RIP小组成立的第一年的11月，大卫·格拉斯贝格来到了我的办公室。当天是星期三，感恩节的前一天。”

“他说：‘工作组的所有人都出点钱，我们今天晚上给约翰尼·琼斯和他的家人买些感恩节的晚餐。'"

"我说:'你在开玩笑吧。'这可是个坏家伙。"

"他接着说:'你知道我为什么这么做吗?他们家除了他还有7个孩子,他不听劝,我们顶多也就失去一个孩子,要是他们家的另外7个孩子都不听劝,那我们失去的孩子就多了。所以我们必须为他们做点儿什么。'"

"我的眼圈红了。他说:'还有很多家庭需要我们去关心。我们该做点儿什么?'当时是早上10点,感恩节的前一天。我说:'戴夫[1],我去找局长,看是否能弄到2 000美元,我们给每个家庭都买只火鸡,怎么样?'"

她上楼去了。楼上是警察局领导的办公室。她恳求警察局局长拨款。"我说:'这是戴夫·格拉斯贝格和队员们的想法。我想要买125只火鸡。局里能给我拨点儿款吗?'他说可以。格拉斯贝格带着队员加班。他们找到了速冻的火鸡和冷冻车。那天晚上,他们挨家挨户地给布朗斯维尔的问题家庭送去了火鸡。我们把火鸡装在袋子里,并附了一张字条:'这是我们送给你们的,感恩节快乐。'"

此时的杰弗坐在位于曼哈顿闹市区的纽约警察局总部的办公室里。她身穿制服,看起来既高大又令人敬畏。她有一头乌黑浓密的头发,说起话来带点儿布鲁克林口音。

"我们敲门,"她接着说道,"孩子的妈妈或者奶奶来给我们开门,看到我们就说'约翰尼,警察来了'之类的话。于是我说:'你好,

---

① 戴夫是大卫·格拉斯贝格的昵称。——译者注

史密斯夫人，我是局长杰弗。我们给你们带来了一些感恩节礼物，我们只希望你们感恩节过得愉快。’他们问道，‘什么东西？’接着又说，‘进来，快进来’，他们把我们都拽了进去。公寓里面很热。他们又开始说话了：‘约翰尼，过来，警察来啦！’所有人都跑过来，大家哭成一团。每个家庭——我和他们去了 5 个家庭——都是相拥而泣。而我说的话都一样：‘我知道有时候你们讨厌警察。我明白。我只想让你们知道，虽然来敲你们家的门可能会打扰到你们，但我们真心希望你们可以过一个快乐的感恩节。’”

现在思考一个问题：为什么杰弗去见这些“会员”的家人时会那么忐忑不安？因为在她看来，人们认为布朗斯维尔的警察局不具有合法性。纵观整个美国，在监狱里待过的美国黑人数目惊人。（在这里我说一个统计数据：69% 的出生于 20 世纪 70 年代末的黑人男性高中辍学生都曾在监狱服刑。）布朗斯维尔是一个黑人男性高中辍学生集中的地区。这句话的潜台词是：几乎每个在杰弗名单上有前科的青少年，他们的兄弟、父亲或者堂（表）兄弟都曾在监狱服刑。[①] 假

① 以下是美国不同种族、不同教育程度人士的监狱服刑率：

白人	1945—1949 年	1960—1964 年	1975—1979 年
高中辍学生	4.2%	8.0%	15.3
高中生	0.7%	2.5%	4.1%
大学生	0.7%	0.8%	1.2%
黑人	1945—1949 年	1960—1964 年	1975—1979 年
高中辍学生	14.7%	**41.6%**	**69.0%**
高中生	10.2%	12.4%	18.0%
大学生	4.9%	5.5%	7.6%

黑体数字是关键。69% 的黑人男子高中辍学生（出生于 1975—1979 年）都曾在监狱服刑。

如你身边有很多人都蹲过监狱，你会觉得法律是公平的吗？法律是否是可预见的？在这种情况下，你会觉得自己可以发言，你的意见会被别人听到吗？杰弗来到布朗斯维尔的时候发现，这里的警察被这些青少年当成敌人。如果警察被当成敌人，她要如何让那些已经因为拦路抢劫、偷窃而进过监狱的十五六岁的孩子改变自己的做法？她可以威胁、警告他们——如果再犯罪，会产生多么严重的后果。但他们是青少年，生性顽皮、大胆，而且他们已经慢慢地朝着犯罪人生前进了。为什么他们就该听她的？她是那个关押过他们父亲、兄弟和堂（表）兄弟的机构的代表。她需要再次赢得他们对这个机构的尊重。为此，她需要得到这些 J-RIP 青少年家人的支持。她在感恩节前一天发表的简短演说——“我知道有时候你们讨厌警察。我只想让你们知道，虽然来敲你们家的门可能会打扰到你们，但我们真心希望你们可以过一个快乐的感恩节”——是她在恳求这些人承认他们的合法性。她试图让这些曾经违反法律的家庭（有时候一家几代人都违反过法律）看到，法律也能站在他们那一边。

赠送火鸡的做法取得了很大成效，于是杰弗开始考虑赠送圣诞玩具。J-RIP 工作小组也开始和这些有前科的青少年打篮球。他们带这些孩子去吃寿司大餐，给他们提供暑假工作机会，还开车载他们去看医生。杰弗和所有这些青少年，还有他们的家人，吃了一顿圣诞大餐。“你知道吃圣诞节晚餐时，我和这些孩子做了什么事吗？”杰弗高兴地说道，“他们在自己的朋友面前表现得很坚强。所以我拥抱了他们每个人。我就说：‘过来，抱一下。’”杰弗并不是一个身材娇小的女人。她很强壮，看起来很威武。试想一下她张开宽大的双臂拥抱这些瘦小孩子的情形，她的一个拥抱足以把他们都“吞没”了。

听起来很像好莱坞电影的情节，对不对？感恩节火鸡！相拥而泣！世界上大部分警察局之所以不效仿杰弗的做法，是因为她的做法看起来是错的。约翰尼·琼斯是一个坏小子，给他这样的孩子买食物、买礼物像是一种溺爱。如果你居住的地区的警察局局长宣布，面临现在的犯罪浪潮，她决定去拥抱那些在街上游荡的罪犯的家人，决定给他们买东西吃，你一定会无言以对，是不是？让我们来看看布朗斯维尔的变化。

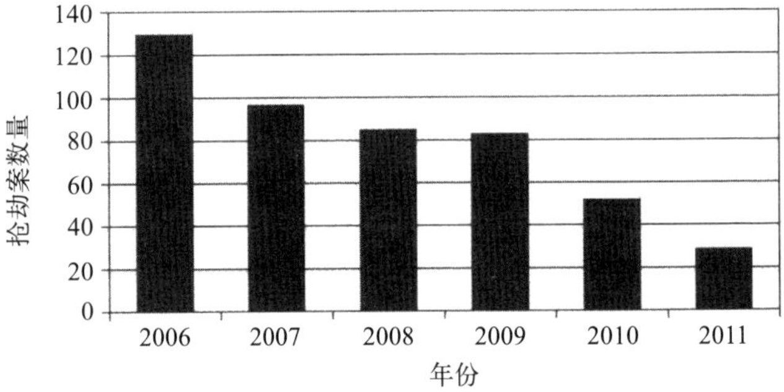

图 7-1 布朗斯维尔的抢劫案

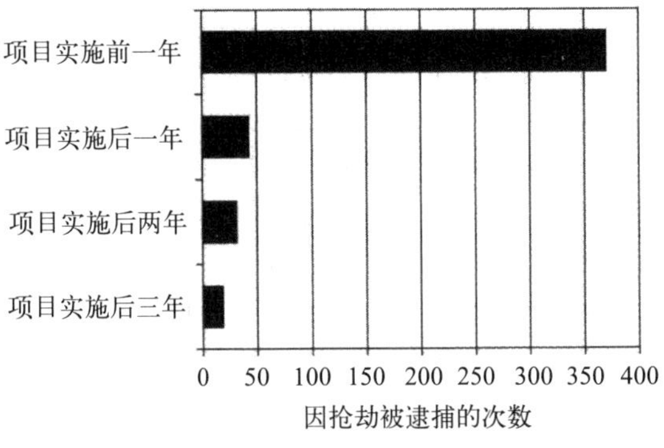

图 7-2 因抢劫被逮捕的 J-RIP 项目青少年

当莱特斯和沃尔夫写下“需要做的既不是展示同情心，也不是神秘化”时，他们是在说国家权力是无限的。如果你想要强制下命令，你不需要担心那些被你命令的人会怎么看你，因为你在俯瞰一切。但是莱特斯和沃尔夫的说法是一种历史的倒退。而杰弗的做法证明了掌权者必须要在意其他人对他们的看法。这里的“其他人”指的就是那些他们要命令的人，掌权者很容易因为这些人的看法而遭受猛烈的攻击。

这就是弗里兰将军在楼而菲地区所犯的错误。他并不关心人们（如罗斯玛丽·劳勒）对眼前所发生的一切的看法。当他站在车上，就像在猎虎的英国统治者；当他在楼而菲寂静的街道上巡查的时候，他认为自己能够结束这场暴动。如果他的车开到巴利莫非的街道上，听到哈里雅特·卡森敲着盖子大喊“出来啊，快出来啊。楼而菲地区的民众就要被杀死了”时，他会发现，暴乱才刚刚开始。

5

北爱尔兰自治区的 7 月是“游行季”。这时，该地那些信奉新教的保皇党会组织游行，以纪念他们在很久之前对少数天主教派取得的胜利。游行形式五花八门：教会游行，“拱门、横幅和大厅”游行，纪念乐队游行，“充满凶杀情节”及“踢教皇”长笛乐队游行。此外，还有全部身着银色服饰的乐队游行，风笛游行，手风琴游行，身披彩带、穿着深色套装、戴圆顶高帽的游行……总共有几百种游行，参加游行的有数万人。人们在每年 7 月 12 日都会举行一场大型游行，以纪念国王威廉三世于 1690 年 7 月 12 日取得的博伊恩战役的胜利，这场战役奠定了北爱尔兰新教的统治地位。

每年7月12日的前夜，北爱尔兰的游行者都会在街上聚集，并生起熊熊营火。[①] 当营火烧到一定程度时，人们会选择一个象征物品，然后把它烧掉。过去那些年，人们烧的一直是教皇的肖像，或是他们憎恶的一些当地天主教官员的肖像。下面是一首12日游行小曲，用“克莱蒙蒂娜”（Clementine）调来演唱：

> 点燃一把营火，点燃一把营火，
> 顶端直直地刺入天主教徒的心脏，
> 就把教皇放在正中间，
> 烧啊，烧掉这该死的一切。[②]

---

① 在贝尔法斯特，7月12日的游行要穿越城市，终点在“运动场”（Field），这是一个工作台，是人们集会发表公共演说的地方。下面是1995年一个演说的节选。记住，这个演说发表于《唐宁街宣言》发表之后。《唐宁街宣言》的发表标志着北爱尔兰和平进程的开始：

> 我们先来讲讲200年前的历史。当时罗马天主教组成了一个名叫“保护者”的组织，他们要铲除所谓的异教徒。你应该知道，我是一个新教徒。然而今天与1795年不同。在希特勒和奥斯威辛集中营时代，天主教有一个教皇，他是波兰教皇，他和他的教徒眼睁睁地看着几千人被虐待致死，却不说一句谴责的话。

② 当然，它也有很多童谣版本。曼彻斯特联队（曼联）的粉丝曾对球队的主要竞争对手利物浦队唱过类似的歌曲，这首歌相对来说没有攻击性。（顺带说一下，“scouser”用于称呼那些来自利物浦的人，或是那些讲话带有利物浦口音的人。甲壳虫乐队成员都是scouser。）

> 点燃一把营火，点燃一把营火，
> 顶端直直地刺入利物浦人的心脏，
> 就把利物浦这个城市放在正中间，
> 烧啊，烧掉这该死的一切。

也许你会希望能在视频网站优兔（YouTube）上听到大量的狂热歌曲。

北爱尔兰并不是一个面积广阔的地区。这里的城市人口密度大，建筑密集。所以每当夏天保皇党戴着圆顶高帽，身披彩带，吹着长笛游行时，他们不可避免地要经过那些住着天主教徒的街区。他们游行庆祝的正是天主教的失败。西贝尔法斯特天主教街区的主要交通干线上的好几个地方，距离穿过西贝尔法斯特新教街区中心的街道只有几分钟的路程。在贝尔法斯特的一些地方，天主教徒的房屋后墙就贴着新教徒的后院。因为距离太近了，所以每家每户都会在后院安装一个巨大的铁丝网，防止邻居朝他们家扔垃圾和汽油弹。7 月 12 日前夜，保皇党会在城市的各个地方点燃营火，他们的天主教邻居就会闻到烟味，听到他们的吟诵，还会看到他们的旗帜在熊熊火焰里燃烧。

游行季期间，北爱尔兰经常发生暴乱。1969 年的一场骚乱更是成了北爱尔兰问题的导火索。当时，一支游行队伍在穿过天主教街区时引发了连续两日的骚乱。游行者在穿过西贝尔法斯特街道回家时发生了暴乱，他们烧毁了大量的房屋。[①] 第二年夏天爆发的枪战也发生在新教徒的游行过程中。就是在这个夏天，弗里兰的耐心受到了考验。试想一下，如果每年夏天美国军队中那些来自北方诸州的退伍老兵也举行游行，以纪念他们在美国南北战争中取得的胜利，当他们穿过亚特兰大和里士满的街道时会发生什么事。在北爱尔兰黑暗的日子里，

① 隔天，一个保皇党暴徒放火烧了孟买街的天主教街区，那里被夷为平地。这个保皇党人很喜欢他们自己的诗句，还为这次的袭击谱了一首小曲：

8 月 15 日，我们进行了一次短途旅行，
沿着孟买街往上，烧毁了所有的东西。
我们带了一点儿汽油，我们带了一把手枪，
我们和残忍的芬尼亚人斗争，直到把他们都赶跑。

当天主教徒和新教徒彼此扼住对方的喉咙勉强活着的时候，游行就是这样的，随时都会发生暴乱。[6]

那天下午，当楼而菲的居民看到英国军队来到他们街区的时候，他们就和贝尔法斯特每个目睹法律和命令在此地被强制执行的人一样绝望。而他们同样渴望知道法律和命令是如何被强制执行的。他们的世界看起来并不公平。那些将他们的旗帜或教皇肖像放进营火里烧毁的“12 日”已经过去了。在游行季，负责维持和平的机构是（北爱尔兰）皇家警察部队（RUC）。但皇家警察部队里的大部分人是新教徒，他们是属于对立方的。之前的那个夏天，皇家警察部队几乎没有为阻止骚乱做过任何努力。在新教徒点火烧毁他们的房子时，由英国政府召集的审理委员会表示皇家警察部队的警察只是“没能及时采取有效措施”。当时在场的记者报道说，保皇党去找那些警察，还询问能否借用他们的武器。英国军队来到北爱尔兰的初衷之一，就是做新教徒和天主教徒的裁判，英军要公正，不偏不倚。但是英格兰的绝大部分地区都住着新教徒，所以对北爱尔兰地区那些被围攻的天主教徒来说，这些士兵支持新教徒似乎是再自然不过的事了。复活节那天，在宵禁之前，当浩浩荡荡的保皇党游行队伍穿过巴利莫非时，英国士兵就站在游行者和普通居民之间，从表面上看，他们确实扮演了一个缓冲器的角色。但当时军队面向街上的天主教徒，背对着保皇党——就好像他们认为自己的工作是保护保皇党免受天主教徒的攻击，而不是保护天主教徒免受保皇党的攻击一样。

弗里兰将军设法在贝尔法斯特执行他们的法律。他首先应该问问自己，他执行法律合法吗？事实上，他的行为并不合法。在北爱尔兰天主教徒看来，他所掌管的机构完全偏向了那些在去年夏天烧毁自己朋友和亲人房屋的人，而天主教徒的这种看法是正确的。人们不会遵守没有合法性的法律，相反，他们会奋起反抗。①

北爱尔兰问题的一大疑团就在于为什么英国人花了这么长时间才明白这个道理。1969 年，北爱尔兰问题造成 13 人死亡，且引发了 73 起枪杀案，8 起爆炸案。[7] 1970 年，弗里兰决定对这些暴徒和持枪歹徒采取强硬措施。他声称，任何一个扔汽油弹的人“都可以被枪杀”。结果如何？历史学家德斯蒙德·哈米尔（Desmond Hamill）这样写道：

> 爱尔兰共和军声明，如果有爱尔兰人被杀，他们就会枪杀士兵。而由新教徒组成的北爱尔兰志愿军迅速做出回应，只要爱尔兰共和军杀害一个士兵，他们便会射杀一个天主教徒。北爱尔兰志愿军是一个极端且非法的准军事组织。《时代》杂志引用了一个贝尔法斯特居民的话：“在这里，即便不糊涂的人，也不知道究竟发生了什么事。”[8]

那一年，死亡人数达到 25，共计发生了 213 起枪杀案，155 起爆炸案。英国军队始终坚持己见，他们采取了更为严厉的措施。1971 年，死亡人数达到 184，发生了 1 020 起枪杀案，1 756 起爆炸案。紧接着，英国人表明了自己的立场。英军实施了一项被称作“拘禁”的政策，

---

① 多年后，新芬党的领导人盖里·亚当斯（Gerry Adams）说道，宵禁的结果是“成千上万的人……过去他们并不曾想要拥有武装力量，而现在他们觉得必须得拥有这种力量”。

北爱尔兰的民权被废除了，该地涌入大量军队。英军声称，他们会逮捕任何一个可疑的恐怖分子，并在没有指控或者审判的情况下将可疑人员送进监狱，而且会判处其无期徒刑。在这项政策实行期间，许多年轻的天主教徒被围捕。于是在当时的天主教街区里，例如在巴利莫非，每个人都有一个兄弟、父亲或者一个堂（表）兄弟被抓进监狱。假如你身边有很多人蹲过监狱，你会觉得法律是公平的吗？法律是否是可预见的？在这种情况下，你觉得自己可以发言，并且你的意见会被别人听到吗？局势持续恶化。1972 年，贝尔法斯特发生了 1 495 起枪杀案，531 起持枪抢劫案，1 931 起爆炸案，被英军杀害的人数达到 497。在这 497 个人里面有一个名叫埃蒙的 17 岁男孩儿，他是罗斯玛丽·劳勒的弟弟。①

“埃蒙来到我家，”劳勒说，“他说：‘我想在你这儿待上一两天。’我说：‘好的，怎么了？’他说：‘妈妈生气了，她勃然大怒。’之后他向我和我丈夫坦白，原来他一直被英军骚扰。他每次出门或拐进一个街角时，不管他去哪里，英军都会拦住他，然后威胁他。”

他真的为爱尔兰共和军工作吗？劳勒不知道，她说这不重要。“在他们眼里，我们个个都是犯罪嫌疑人，”她接着说，“就是这样的。埃蒙后来被杀害了，被一个英国士兵杀死了。他和他的伙伴们正在抽烟时，英军朝他们开了一枪，埃蒙中枪了。之后，他的生命维持了 11 周。最后他在 1 月 16 日去世了，当时他才 17 岁半。”她实在无法控

① 顺便再说一下，1973 年局势并没有变好。英国人采取了更为强硬的措施，有 171 人被杀害，发生了 5 018 起枪杀案，1 007 起爆炸案，1 317 起持枪抢劫案。英军持有的炸药达 17.2 吨。

制自己。“我父亲就再也没去码头工作，我母亲心碎了，整个人都垮了。那是40年前的事了，可我现在想起来还是那么心痛。”

劳勒是一位年轻的妻子、年轻的母亲。她住在现代化都市贝尔法斯特，她期待着能过上正常的生活。但她却失去了她的家。她受到威胁和骚扰。山那边的亲人都被关押在自家的房子里。她的弟弟被杀害了。她并不想过这样的生活，她也不知道发生了什么事。“这是我的生活，我的新生活。”她说，“我是被逼的。我走了，一切都不对了，你知道吗？这里有跟我一起上学的朋友，他们的房子都被烧毁了。那些说要来保护我们的英军对我们发动了攻击，他们破坏了一切。我学会了吸毒，这并不是一种轻率的行为，我之所以会变成这样，是因为事情发生时我没办法坐在家里什么都不做。我无法做一个朝九晚五工作的母亲。”

“人们都称这个事件为北爱尔兰问题，”她接着说道，“这是战争！英军开着他们的装甲车，带着他们的武器开进了这里。我们处在一个战场上。英军带着所有能把我们扳倒的武器来到了这里。我们就像那种橡胶娃娃，凹下去了还会再弹起来，就是这样。在这场战争中，我们受伤了，很多人都心痛不已。很长一段时间以来，我一直觉得愤怒，很愤怒。我愧对我的孩子。但这都是环境所迫。我不该是现在这样，我并不是生来就这样，我是被逼的。”

6

当弗里兰将军的士兵突然出现在楼而菲地区时，居民们第一时间就跑到了圣彼得大教堂。这是当地的天主教堂，离居民区很近。楼而菲和西贝尔法斯特其他的天主教街区一样，这里有一个鲜明的特点，居民都十分笃信宗教。圣彼得大教堂是街区的中心。在工作日，来圣彼得大教堂参加弥撒的就多达400人。当地的牧师是这个群体中最重要的人。他跑着赶过来，朝士兵走去，警告他们，必须速战速决，不然麻烦就大了。

45分钟过去了，士兵们带着大批武器装备出现了，这些装备包括15支手枪，一支步枪，一支施迈瑟式冲锋枪，还有一些炸药和弹药。巡逻队整装待发，他们拐进了一条小巷。过了这条小巷，他们就能离开楼而菲地区了。然而，在穿过小巷的时候，一群人集结在一起。当装甲车拐进街角时，一些年轻的男子冲出来朝士兵扔石头。巡逻队停了下来。扔石头的那群人愤怒了。士兵们朝那些男子扔了一些催泪瓦斯弹。人群更愤怒了。刚开始是扔石头，后来变成扔汽油弹，再后来就发展成枪战。一个出租车司机说他看到有个人拿着一支冲锋枪，朝巴尔肯街走去。暴徒设置了路障，阻挡军队前进。一辆卡车着火了，把街尾堵住了。士兵们扔了更多的催泪瓦斯弹。一阵风吹过，楼而菲到处都飘荡着这种气体。人群更加愤怒了。

为什么巡逻队要停下来？为什么他们不继续向前走？牧师已经告诉他们了，不要在这个街区停留。牧师回去找那些士兵，请求他们赶紧走。他说，如果他们不再向人群扔催泪瓦斯弹，他会让那些人也停止扔石头。但是士兵不听他的。上级下令让他们采取强硬措施，要让人看到他们对暴徒、持枪歹徒采取强硬措施。牧师转身朝着人群走去。在他走的时候，士兵又扔了许多催泪瓦斯弹。一些霰弹筒滚到了牧师脚下，他蹒跚地穿过了街道，靠着窗台大口地喘着气。在这样一个虔诚的街区里，在一个在工作日会有400人参加弥撒的街区里，英国军队差点儿毒死了一位牧师。

就在这时，暴乱开始了。弗里兰征调了援军。这个街区共有8 000名居民，他们的房屋都很小，沿着狭窄的街道排列。为了征服这个街区，英军派了军队过来——共有3 000名士兵。开进这里的不只有军队。为了对付这些被激怒的天主教徒，弗里兰还从皇家苏格兰部队调来了士兵。皇家苏格兰部队是最具自觉意识的新教徒部队之一。军用飞机在楼而菲上空盘旋，军官通过扩音器喊话，命令人们都待在家里不要出门。街区的每个入口都设置了路障。他们在这里实行宵禁，并挨家挨户地进行搜查。那些士兵年纪20岁出头，因为天主教徒朝他们扔石头和汽油弹感到痛苦而愤怒。他们去了一户又一户人家，他们朝着墙和天花板开枪，留下了一个又一个的弹孔；他们将人们家里的卧室翻了个底朝天。来听听英国士兵是如何描述那天晚上发生的事的吧：

> 一个穿着睡衣的男子出来了，嘴里说着粗话，拿起一盏灯就朝斯坦的头砸了过去。斯坦躲开了，他用步枪枪柄击倒了那个人。发生的事无法改变，所以很多人都借此机会来发泄他们的愤怒，这一点我再清楚不过了。人们的头被打破了，房子也被毁了。屋里的东西成了一堆废墟。然而在这片混乱中，你会看到或听到：学校照片；家族合影，照片里的人都微笑着（相框裂了）；小摆件及耶稣受难十字架（突然断裂）；孩子的哭声；装有教皇

照片的相框玻璃嘎吱断裂的声音；五颜六色的玩具、电视机的噪声和收音机的噼啪声；彩绘盘子；鞋子；大厅里有一个婴儿，被扔在墙边……我们闯进别人家里时，我看到的就是这样的画面。

那天晚上，有337人被捕，60人受伤。一个名叫查尔斯·奥尼尔的退伍空军士兵被一辆英军的装甲车撞死了。他的尸体被晾在大街上，一个士兵用棍子戳了戳其中一个看热闹的人，说道："去，你们这些爱尔兰小杂种，死不足惜。"晚上8点，英军在瀑布路枪杀了一个叫托马斯·伯恩斯的人。当时他和朋友站在一起，他的朋友正在用木板封商店的窗户。他的姐姐来认领尸体时，英军告诉她，他们之所以会枪杀他是因为那个时候他无权上街。晚上11点，一个叫帕崔克·埃利曼的老人穿着拖鞋和睡衣出门散步，他以为最坏的时刻应该已经过去了，然而他死在了英军的枪口下。一个经历过宵禁的邻居谈到了埃利曼的死：

就在那个夜晚，英军进入了那个被射杀老人的家里，他们在那里住了下来。老人的姐姐已经搬到街上另一个兄弟的家里了。隔天下午，在宵禁的间歇时间，英军这种擅闯家宅的行为被发现了。当时来的是埃利曼的哥哥、他的女儿和女婿，他们发现门被砸了，一扇窗户破了，衣服杂乱无章地被扔在地上，剃须工具则被胡乱地放在沙发上，洗碗槽里还有许多用过的杯子。邻居告诉他们，英军还在楼上的卧室睡觉。

门被砸了，一扇窗户破了，洗碗槽里还有脏杯子。莱特斯和沃尔夫认为最重要的是规则和理性。然而，真正重要的是权力机构为取得合法性做的或者没做的那几百件小事，比如在那个突然就被他们射杀的无辜居民的家里睡觉，把他家里的东西弄得乱七八糟。

星期天早上，楼而菲地区的局势变得让人越发绝望了。楼而菲并不是一个富裕的街区。很多成年人如果不去做那些计件工作，压根儿就没有收入。街上总是挤满了人。这里的房子都很狭窄，是一些建于19世纪的联排式住宅，造价低廉。房子沿斜坡而建，外墙铺设了红砖，一层只有一个房间，浴室则建在后院。几乎没有人家里有冰箱。这些屋子阴暗且潮湿。人们每天都会去买面包，一次性买太多的话，面包会发霉。但是宵禁到现在已经实行36个小时了，人们家里已经没有面包了。西贝尔法斯特的天主教徒联系紧密，他们中的很多人有血缘和姻亲关系，因此关于楼而菲陷入困境的消息很快就传开了。哈里雅特·卡森在巴利莫非街上奔走，边走边敲着锅盖。之后玛丽·德拉姆也开始在街上奔走。[①] 她拿着扩音器，边走边在街上对着妇女大喊："大家赶紧出来吧！把牛奶和面包都装进婴儿车里！孩子们没有东西吃了。"

于是，这些女人便聚集在一起，2个、4个、10个、20个……一直到几千人。"有些人头发上还卡着塑料发卷，丝巾还披在头上，"劳勒回忆道，"我们手挽着手歌唱，'我们会胜利的，我们总有一天会胜利的'。"

① 6年后，德拉姆被新教徒中的极端分子枪杀，当时她正躺在贝尔法斯特马特医院的病床上。

“我们到了山下，”她接着说，“那里的气氛很紧张。英国士兵戴着头盔，持枪站在那里——他们做好了战斗准备。他们亮出了警棍。于是我们拐弯去了格罗夫纳路，我们一边唱一边大喊。我想那些英国士兵应该很吃惊吧。这些推着婴儿车的女人竟敢来挑战他们，太难以置信了。我还记得，当时有一个英国士兵，他站在那儿抓着头无奈地说：‘我们能对这些女人做什么？我们要在此地发动暴乱吗？’我们接着拐进了斯莱特街，我的母校就在那条街上。那里也有英国士兵。他们愤怒地从学校里跑出来，与我们开始了徒手搏斗。我们的头发被他们大把扯掉。英国士兵拽着我们，直接把我们扔到墙边。对，他们殴打了我们。你要是跌倒的话，你得马上爬起来，不然你就有可能被人踩死。他们冲出来的时候一脸凶相。我记得自己当时站在车顶上，看着眼前发生的这一切。接着我看到一个男人，脸上还带着剃须泡沫，那人正在整理他的背带，突然间所有的士兵都停下来，不再打我们了。”

那个正在整理背带的人正是斯莱特街检查站的指挥官。那天，他也许是英国军队中唯一一个神志清醒的人，也是唯一一个明白眼前的灾难有多严重的人。一个重型军团的士兵殴打一群推着婴儿车，要去给楼而菲地区的孩子喂饭的女人。[①] 于是他命令他的手下都停手。

“你要知道，人们还在游行，后面的人不知道前面发生了什么

① 民间有很多关于楼而菲地区宵禁的传说。游行者推着的婴儿车具有两种作用——这是其中的传说之一：第一，人们可以把牛奶和面包装到婴儿车里，带到楼而菲；第二，人们可以运出枪支和弹药，这是障眼法，英国军队不会觉得奇怪。

事。”劳勒接着说，“他们还在一直往前走。女人们都在大喊。伤员实在太多了，人们纷纷从房子里跑出来帮忙抬伤员。而人们从房子里出来的时候，英国士兵对局面失去了掌控力。每个人都跑到大街上，街上一下子出现了数万人。就像多米诺骨牌效应一样，一条街的人出来了，另一条街的人也会出来，走上大街。再接着，又一条街的人也出来了。英国士兵放弃了，他们不再挣扎了。这些女人强行——我们强行，我们强行闯进去了，我们闯进去了，我们打破了宵禁这一政策。我经常想起这件事。天啊，每个人都很开心。就是那种感觉——我们成功了。”

“我还记得后来回到家时，我突然觉得浑身虚弱无比，整件事让我觉得紧张不安，你懂吗？之后我跟我父亲说起了这件事。我说：‘爸爸，你说得对，他们向我们发动了攻击。’我父亲说：‘对，这就是英国军队做的“好事”。’他说得没错。他们向我们发动了攻击。一切才刚刚开始。”[9]

8

凡事都有限制，过了某个点之后，那些原本出于好心才使用的权力会产生适得其反的效果。

倒 U 形曲线的限制：三振出局法

1

1992 年 6 月的一个周末，迈克 · 雷诺兹（Mike Reynolds）的女儿从学校回到家参加一场婚礼。她 18 岁，留着一头金黄色的长发。她叫欣贝尔，是洛杉矶时装设计与贸易学院的学生。他们家住在弗雷斯诺。弗雷斯诺位于加州的中央山谷，距离洛杉矶几个小时的车程。婚礼结束之后，她留下来和老朋友格雷格 · 考尔德伦一起吃晚餐。她当时穿着短裤和靴子，披着她父亲的黑红格子外套。

欣贝尔 · 雷诺兹和考尔德伦去了弗雷斯诺陶尔区的每日星球餐厅用餐。他们喝完咖啡后，开着她的五十铃汽车准备去兜风。当时是晚上 10 点 41 分。雷诺兹为考尔德伦打开副驾驶的车门，然后绕过车头，要走回驾驶座。这时，有两个男人坐在一辆偷来的川崎摩托车上，速度缓慢地开着车正要离开停车场。他们戴着头盔和深色的护目镜。骑摩托车的那个人叫乔 · 戴维斯，有多次与毒品和枪支相关的犯罪记录。他之前因盗窃汽车在沃斯科的州立监狱服刑，目前正处于假释期。车后座上的那个人是道格拉斯·沃克，沃克共进出过监狱7次。他们两个人都是冰毒成瘾者。那天晚上早些时候，他们正试图在弗雷斯诺主交通干道肖大街上抢劫汽车。“我真没想那么多。”几个月后，当被问到那天晚上他的精神状况时，沃克这么答道，“你懂吧，发生了就是发生了，它就这样突然地发生了。我们就是做了我们想做的事。我要说的就是这些。”

沃克和戴维斯停在那辆五十铃汽车旁，他们让雷诺兹靠着车，站好不许动，并将重型摩托车停在了她面前，以便拦住她。考尔德伦跳下副驾驶座往车后跑去。沃克堵住了他的去路。戴维斯抢了雷诺兹的钱包。他拿出一把点357马格南手枪，用枪指着她的右耳。她奋力反抗，于是他开火了。戴维斯和沃克跳上摩托车，闯了一个红灯，仓皇逃走。每日星球餐厅的人纷纷跑了出来，有些人帮雷诺兹止血。考尔德伦开车回到了雷诺兹父母家敲门，但怎么也叫不醒他们。他打电话给他们，电话又自行转到答录机上了。凌晨2点30分，他终于打通了电话。迈克·雷诺兹听到妻子大喊道：“头上！她的头被人打了一枪！”一天后，欣贝尔过世。

“父女之间有一种特别的关系。”不久之前，迈克·雷诺兹在讲到那个可怕的夜晚时说道。他现在比之前更苍老了，步履蹒跚，头发都快掉光了。谈话那天，他坐在书房的桌子旁。他们家住在弗雷斯诺，这是一栋格局凌乱的美式建筑，距离他女儿被射杀的那条街只有几分钟的路程。他背后的那面墙上挂着一张欣贝尔的照片。书房的隔壁是厨房，挂着一张欣贝尔的画像：欣贝尔身上有一对天使的翅膀，她正在去往天堂的路上。“你可能会和你的妻子吵架，”他接着说，声音里充满了回忆往事的情绪，“但你的女儿，她是公主，她做什么都是对的。因为这样，她的爸爸必须是一个万能老爸，要修得了坏了的三轮车，也要修补得了她破碎的心。爸爸是万能的，可是当我的女儿出事时，我却什么也做不了。她死的时候我握着她的手，我感觉十分无助。”他在那一刻发了一个誓。

“此后我所做的每一件事都是我在欣贝尔临终前对她许下的承诺。”雷诺兹说道，“‘我不能拯救你的生命，但是我会尽我所能，防止这样的事情发生在别人身上。’”

2

老雷诺兹从医院回到家时，接到了雷·阿普尔顿（Ray Appleton）的电话。阿普尔顿是弗雷斯诺的一个谈话节目的主持人，他的节目很受欢迎。“镇上的人愤怒极了。”阿普尔顿说，“当时，从被谋杀的人均数目来说，弗雷斯诺排在全美首位，或许这个排名不确切，但也十分接近了。这次的谋杀太明目张胆了，他公然在百万人面前，在一家受欢迎的餐厅前面开枪。欣贝尔过世的那个深夜我才听说这件事。于是我致电迈克。我说：‘只要你准备好要上我的节目，你就告诉我。’他说：‘今天怎么样？’然后我们就录了这期节目，那时离他女儿过世才过去 14 个小时。”

雷诺兹说他和阿普尔顿谈话的那两个小时是他人生最艰难的时刻。他哭了。“我从来没有见过一个人这么悲伤。”阿普尔顿回忆道。刚开始，他们两个人先是接听电话——都是一些认识雷诺兹一家的人打过来的，来安慰他们一家人。接着他和雷诺兹就谈起加州司法系统中对谋杀案的界定，之后，他们接到了来自全美各地的电话。

雷诺兹回到家，召开了一个会议。他邀请了所有他认为有影响力的人。他们一起坐在后院的长方形木质桌边谈论这件事，这张桌子就放在他的室外烧烤工具边上。“来的人中有三名法官、警察局的一些警官、律师、地方治安官，还有地区检察官办公室的人，以及社区、学校的人。”他说，“我们讨论的问题是：为什么会发生这样的事情？是什么原因导致这件事发生的？”

他们的结论是，在加州，违反法律受到的惩罚太轻了；批准假释的条件太容易达到，速度也太快。司法机构对待累犯和初犯的标准是一样的，并没有区别对待。摩托车后座上的道格拉斯·沃克，他 13 岁就因走私海洛因而触犯法律。而近期，因为他妻子怀孕，他被临时释放，但此后他就没再回过监狱。这样的惩罚有意义吗？

雷诺兹他们一起做了一个提案。雷诺兹极力主张写一个短小精悍的提案，他们也确实这么做了。该提案是用非专业语言撰写的，被称为“三振出局法”（Three Strikes Law）。在加州，对于任何一名罪犯，如果他第二次犯的罪比第一次的严重，那么应将该罪犯的刑期延至法律规定的两倍。如果该罪犯第三次犯罪的话，他就将面临 25 年有期徒刑直至终身监禁。① 该法律没有规定任何例外情况，也

---

① 三振出局法的几点内容是：第一罪（盗窃）——以前：2 年，现在：2 年；第二罪（盗窃）——以前：4.5 年，现在：9 年；第三罪（窝藏赃物）——以前：2 年，现在：25 年至终身监禁。美国的其他州和世界上的其他国家相继通过了各自的三振出局法，但是都不如加州的严厉。

无法律漏洞。[1]

雷诺兹和他的讨论组收集了几千个签名，以达到州公民投票的人数要求。加州的每个竞选季，都有无数的公民投票提案。大多数的提案都石沉大海，未能面世。但三振出局法没有遭遇这样的结局。州选民中有 72% 的人支持这个提案。1994 年春天，三振出局法正式被写入法律，文本内容与在迈克·雷诺兹家后院起草的提案几乎一模一样。犯罪学家富兰克林·齐姆林（Franklin Zimring）称该法是“美国历史上最重要的刑法试验”。1989 年，加州的监狱里共有 8 万人。10 年内，监狱里的服刑人数多了一倍。加州的犯罪率也因此陡然下降。1994—1998 年，加州的凶杀犯罪率减少了 41.4%，强奸犯罪率减少了 10.9%，抢劫犯罪率降至 38.7%，殴打犯罪率降至 22.1%，盗窃犯罪率降至 29.9%，盗窃汽车犯罪率降至 36.6%。迈克·雷诺兹在女儿临终之前发过誓，他不会让发生在欣贝尔身上的事再发生在别人身上。他暂时放下悲伤，给加州带来了一次巨大的变革。

“那个时候，加州一天有 12 个人死于谋杀；而今天，每天被谋杀的人降到了 6 个。”雷诺兹说道，“每一天过去，我都会想，今天又有 6 个人活下来了。但三振出局法被通过之前，其他人没有这么幸运。”他坐在弗雷斯诺家中的办公室里，周围满是他和各大政要的合影，还有徽章、签名证书及被装裱起来的信。他为美国面积最大的州的政策制定做出了杰出的贡献，这些都是证明。“在你的一生中，你也许有机会去救人，”他接着说道，“比如，救起火场里的人或是溺水的人，又或是拥有其他一些疯狂的救人经历。但是有多少人有机会每天都能救 6 个人？我觉得自己很幸运。”

他停顿了一下，仿佛在回想过去20年来——从他对欣贝尔许下承诺后开始——所发生的一切。他擅长表达，且颇具说服力，他身上的这两个特征很明显。就因为这样，所以多年前，即使在他非常悲伤的时候，他还是能在雷·阿普尔顿的节目上展现惊人的信服力。他又接着说："想想那个发明安全带的人。你知道他的名字吗？我不知道，我一无所知。但你想想，他救了多少人啊。还有安全气囊、带有保护封套的药瓶等都救了很多人。这些发明简单设备的无名者和我一样，救了很多人的性命。我们救人不是为了荣誉，也不是为了得到别人的赞美。我们追求的是结果，结果就是给我的最大回报。"

进入北爱尔兰的英国军队，他们是怀着好意来的，但最终却造成了该地区长达30年的血腥屠杀和大动乱，他们并没有得到他们想要的结果。之所以如此，是因为他们不明白权力是有限的。使用权力时，必须要让人看到它的合法性；使用权力不当的话，便会造成与预期效应相反的结果。迈克·雷诺兹在家乡具有特殊的影响力。在加州，他是他们那一代人中最能打动民众的人之一，他的想法和行为拯救了很多人。在他身上，权力似乎达到了其预期目的。看看加州的犯罪数据吧，他得到了他想要的结果，对吧？

事实远非如此。

3

现在请回想一下我们在讨论班级人数时提到的倒U形曲线理论。倒U形曲线说的就是限制。这条曲线说明了一个事实："更多"并不总是更好。事实上，在某一个点，那些被拥有权力的人看作最大优势的多余资源只会让事情更加恶化。倒 U 形曲线清晰地阐述了班级人数的影响，也清楚地说明了父母教育和财富之间的关系。而在几年前，一些学者开展了一场大辩论。这场辩论最终让迈克·雷诺兹和他的三振出局法成为这 20 年来的争议焦点。如果惩罚和犯罪之间的关系也是一条倒 U 形曲线呢？换句话说，会不会存在这样一个点：过了这个点后，采取严厉措施制止犯罪的方法不再对罪犯起作用，甚至还会导致犯罪率攀升？

三振出局法通过时，没有人考虑过这个可能性。迈克·雷诺兹和他的支持者们都认为，关押每一名罪犯、在平均刑期上每增加一年，便可以相应地减少犯罪行为。

“当时，一级谋杀罪只判 16 年，而你只需要坐 8 年牢，”迈克·雷诺兹解释道，他讲的是三振出局法通过之前的加州，“这让犯罪变成了一种具有可行性的选择。人类都偏好做那些阻力小的事情。‘阻力小’指的就是那些容易做的事。你说，交际娱乐、抢劫、偷窃、嗑药……这些事情和每周拼命工作 40 小时，打卡上班，对付那些不可理喻的客户相比是不是容易多了？如果你现在出去，拿把枪走一圈，你就能得到很多钱，钱要多少有多少，赚钱的速度要多快有多快。你会不愿意吗？如果你不幸被抓住了，那也不用怕，95% 的这类案件都能签署认罪辩诉协议。他们要是控告你，你就认罪，让他们判决去呗。反正他们做出判决之后，执行的刑期不过只是规定刑期的一半而已。所以，你掂量之后，觉得还挺划算。所以你很可能会在真正被抓、被控告之前，更频繁地实施犯罪。”

雷诺兹的这个论点其实就是莱特斯、沃尔夫的威慑论：我们的分析基础是假设人们——包括个人和群体——都实施“理性”行为；假设人们实施不同行为的成本和收益是可计算的，并且他们能依此做出选择。在雷诺兹看来，罪犯通过对比发现，在加州犯罪的好处远大于风险，于是他们就去犯罪。因此，他觉得这个问题的解决办法就是提高犯罪的成本，这样抢劫、偷窃就不会显得比踏实工作更容易了。对于那些不断违反法律的罪犯，三振出局法中写道：让他们余生都待在监狱里，这样他们就没有机会再实施犯罪了。在法律和规则这一点上，雷诺兹和加州的选民都相信“更多”总是更好的。

但真的是这样吗？这时倒U形曲线要登场了。我们先来说说第一种假设——罪犯会因犯罪成本高而选择少犯罪。违反法律受到的处罚很轻时的确是这样的。犯罪学中有一个著名的案例研究。这个案子发生在1969年秋天，当时蒙特利尔的警察连续罢工16小时。蒙特利尔之前是——现在仍是——世界一流城市。它所在的国家被认为是世界上最守规矩、最稳定的国家之一。结果如何？警察罢工后，该市一片混乱。那天发生了很多起银行抢劫案——那可是大白天啊。该市的银行几乎都被迫关闭了。抢劫者袭击了蒙特利尔的市中心，砸坏了很多玻璃。最令人震惊的要数城市出租车公司和当地一家名为默里希尔的豪华轿车服务公司的暴力行为了。这两家公司争论的焦点在于谁有资格在机场载客。它们就像中世纪欧洲的交战公国，大打出手。出租车司机用汽油弹袭击默里希尔公司，于是该公司的保安朝出租车司机开火。出租车司机随后点燃了一辆公交车，并用该车去撞默里希尔公司那些被紧锁的车库大门。我们现在说的这件事发生在加拿大。警察重新回归工作岗位后，秩序又恢复正常。逮捕和惩罚的威胁对群众是管用的。

显然，违反法律会受到惩罚与不会受到惩罚之间的区别甚大，就如同一个 40 人的班级和一个 25 人的班级也相去甚远一样。在倒 U 形曲线左侧，干涉会产生正面影响。

但是请记住，倒 U 形曲线的逻辑是，同一个策略，刚开始它会发挥积极作用，一旦过了某个点，它就会产生消极作用。犯罪学家正是循着这条路径在讨论惩罚对犯罪的作用。

举个例子，几年前，犯罪学家理查德·赖特（Richard Wright）和斯科特·德克尔（Scott Decker）采访了 86 名持械抢劫的罪犯。他们听到的话大多是这样的：

> 我尽力不去想被抓住这件事……这事儿会让人分心。如果你总是想“如果这件事不成功，会发生什么事”，你就无法集中精力去做你想做的事。以前，如果我想去抢劫，我就会集中注意力去做这件事，其他的一概不理。

或是：

> 这就是我和我父母觉得过瘾的原因。我们觉得过瘾，也跟着变迟钝了，所以没能逃脱被抓捕的命运。会怎样，会怎样……那个时候你不会在乎这些的。

德克尔和赖特采访的那些罪犯即使在有惩罚压力的情况下，也“仍旧对即将到来的惩罚表现得无所谓”。他们不会考虑那些遥远的事。[2]

女儿的被害使雷诺兹想让加州那些想要成为罪犯的人感受到上帝的可怕，他想让他们在逾越雷池前三思。但如果罪犯都像上述罪犯那样想，这种策略就不会奏效了。那两个在每日星球餐厅外面将欣贝尔·雷诺兹逼入困境的歹徒乔·戴维斯和道格拉斯·沃克，他俩都有冰毒成瘾症。那天晚上早些时候，他们就试图在大街上抢劫车辆。还记得沃克说的什么吗？“我真没想那么多。你懂吧，发生了就是发生了，它就这样突然地发生了。我们就是做了我们想做的事。我要说的就是这些。”——这种人会三思吗？

“我和那些认识乔和他兄弟的亲戚朋友聊过，他们问他为什么要杀害欣贝尔。”雷诺兹又想起了那天晚上发生的悲剧，“他说他已经拿到钱包了，所以其实不必动手杀人的。但他还是动手了，就因为欣贝尔看他的眼神。他杀欣贝尔是因为她鄙视他，她一点儿也不尊重他。”雷诺兹的话与三振出局法是相互矛盾的。乔·戴维斯杀害欣贝尔·雷诺兹，是因为乔认为，当他用枪指着欣贝尔的头并夺走她的钱包时，她没有给他应有的尊重。加大惩罚的力度究竟要如何阻止这样想的人去犯罪？你和我对于加重惩罚都十分敏感，那是因为我们知道在这个社会生存是有风险的。但罪犯显然不这么认为。犯罪学家大卫·肯尼迪（David Kennedy）写道：“这些人通常都很冲动，其思维也有一定缺陷，今天他们已经做好准备，要去做那些在他们看来受到严厉制裁概率很小的事情；明天他们同样会做好准备，去做同样的事。”①

三振出局法的第二个假设是：一个罪犯在监狱里多待一年的话，他就少了一年的犯罪时间。这也未必。数学又不是只有简单的加减法。例如，2011 年被三振出局法宣告有罪的加州罪犯平均年龄为 43 岁。打个比方来说，在三振出局法通过以前，某名罪犯可能因为某项重罪要坐 5 年牢，他可能会在 48 岁出狱。而三振出局法通过之后，他至少要坐 25 年牢，68 岁才能出狱。从逻辑上来考虑，问题是：罪犯在 48~68 岁会犯多少项罪？不多。看看图 8–1 和图 8–2，它们说明的是年龄和犯罪之间的关系。罪名包括严重侵害人身罪、谋杀罪、抢劫罪和盗窃罪。

较长刑期的惩罚对于年轻罪犯能起到作用。但当罪犯过了 25 岁之后，他们对公众安全的威胁性会越来越小，对他们实施更长的刑期惩罚其实只是对民众的一种无谓的保护。这再一次证明一个看似卓有成效的措施不再发挥作用。[4]

---

① 肯尼迪接着指出，如果你去测验罪犯现在的动机，你会发现他们对风险和收益的计算是一个“非常主观”的过程。肯尼迪写道：“威慑中最重要的东西，对罪犯和潜在的罪犯而言也同样重要，就是他们如何理解及如何定义风险和收益。”犯罪学家安东尼·多伯（Anthony Doob）和谢丽尔·玛丽·韦伯斯特（Cheryl Marie Webster）在一个研究当今每个重罪的结论中指出：“我们对过去（主要集中在过去 10 年）的研究结果进行了一番理性评估，发现严厉的制裁措施对社会的犯罪水平没有影响……在过去 25~30 年的文献中，也没有任何文献资料表明严厉的制裁措施可以阻止罪犯犯罪。”他们说，发达国家正处于曲线的中间阶段。那些被关押的罪犯已经过了犯罪高峰，试图用一些年轻罪犯不在意的东西去阻止他们犯罪并不会得到你想要的结果。[3]

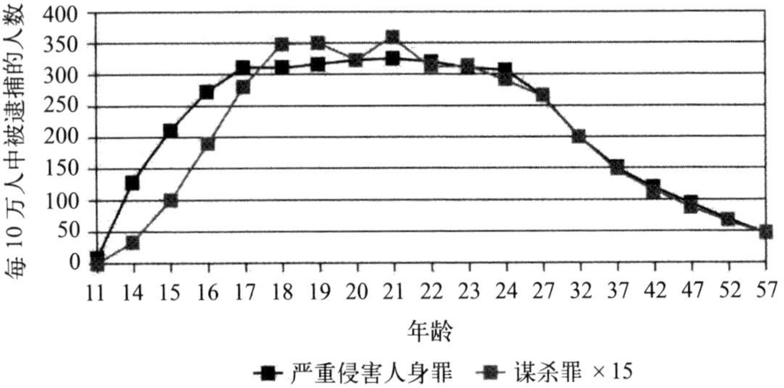

图 8-1 严重侵害人身罪和谋杀罪（1985 年）

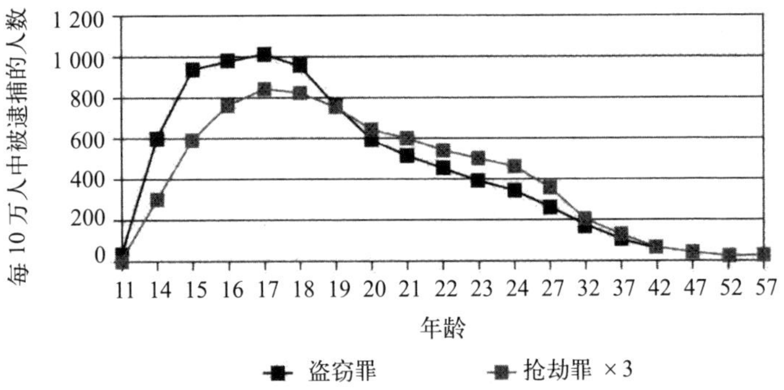

图 8-2 抢劫罪和盗窃罪（1985 年）

关键问题出现了：犯罪和惩罚曲线是否也存在倒 U 形曲线的右半部分，是否过了某个点之后，事情会因此变得更糟？犯罪学家托德·克利尔（Todd Clear）提出了一个最具说服力的论点，他的理由是这样的：

监狱对犯罪有直接影响：一个罪犯被关进监狱之后，他就不能再伤害任何人了。但监狱对犯罪同样有间接影响，它会影响那些和罪犯有关系的人。例如，绝大多数被关进监狱里的人都是父亲（1/4 的青少年罪犯都已有孩子）。而父亲坐牢会给孩子造成灾难性的影响。在这类罪犯中，有些人并不是称职的父亲，他们情绪暴躁，对孩子恶言相向，而且不和孩子住在一起；但也有很多称职的父亲，他们把赚来的钱，不管是合法收入还是犯罪所得，都用于家庭开销。对孩子来说，失去父亲（父亲进监狱）是一个难以过去的坎儿。父母一方被监禁会使孩子在青少年时期犯罪的概率增至300%~400%，同时会使孩子患严重精神疾病的概率增至250%。

罪犯出狱后，都会回到自己原来居住的社区。他在监狱服刑而患有精神疾病的概率很大，因此他的工作前景堪忧。在监狱里，他与大部分没有罪的朋友失去了联系，转而跟那些同是罪犯的人成了朋友。而当他刑满释放回到家，面对家里更重的情感压力和经济压力时，他首先会想通过逃避来解决问题。监禁造成了一些附带损害。在大部分情况下，监禁造成的伤害比带来的好处少，所以我们认为把罪犯送进监狱是有好处的。不过，克利尔指出，如果你关押的人太多，关押的时间太长，附带损害便会比这样做带来的好处多。①

① 几年前，克利尔在《适得其反：监禁使犯罪率升高》一文中首次提出了他的观点。在解释为什么关押大批罪犯无法产生预期效果这个问题时，他在文中提出了10个论点。起初，没有人想刊登克利尔的这篇文章。他联系过他所在领域的主要学术期刊，但都被拒绝了。没有人相信他，除了社区矫正机构。克利尔说："在我所处的这个领域，有一个鲜为人知的事实，就是绝大多数矫正机构的专家都认为他们的作为不会让事情变得更好。他们试图打造人性化的监狱，他们尽力去做自己能做的一切事情。他们就在那里，所以他们可以看到事情的发展。他们说了一些如'我们的狱警虐待犯人''他们还是待在监狱比较好''我们给不了他们所需要的一切'这类沮丧的话。这对他们而言是一种痛苦的经历。于是他们竞相传阅我的文章。俄克拉何马州刑事司法研究协会的某个人问我能不能刊登这篇文章。我说可以。他就刊登了。在很长一段时间里，如果你在谷歌搜索我的名字的话，第一个跳出来的东西就是这篇文章。"

克利尔和他的同事迪娜·罗斯（Dina Rose）在佛罗里达州塔拉哈西对他的假设进行了测试。① 他们遍访该市，并将一年内某个街区的被监禁人数与该街区第二年的犯罪率进行比较，试图从数学上找出倒U形曲线发生转变的那个点。他们最终找到了那个点。克利尔得出结论："假如一个街区的被监禁人数比例超过街区总人口的2%，监禁便会对犯罪产生负面影响。"[5]

杰弗到布朗斯维尔时也是这么说的。她试图通过拥抱和赠送火鸡去弥补人们受到的伤害。造成这种伤害的原因并不是这里缺乏法律和规则，而恰恰是这里有太多的法律和规则了：在该街区，有太多人的父亲、兄弟和堂（表）兄弟都曾被关进监狱，所以他们就把法律当成了他们的敌人。布朗斯维尔就处于倒U形曲线的右半部分。1989年，加州有76 000名罪犯在监狱服刑。10年后，监狱的服刑人数增加了一倍。这些人大多是因为违反三振出局法才被送进监狱的。进入21世纪后，加州关押的罪犯人数分别是加拿大和西欧国家的5倍和8倍。难道你不认为三振出局法有可能会让加州的一些地区变成布朗斯维尔吗？

雷诺兹之所以坚信他推动的改革每天可以拯救6个人，是因为三振出局法通过之后，加州的犯罪率陡然下降了。但是近期的调查显示，其实早在三振出局法通过之前，加州的犯罪率就已经在下降了。20世纪90年代，加州的犯罪率骤然下降时，美国有许多州的犯

① 用最简单的一句话来概括克利尔的文章，就是："在某个特定地方挑选大批年轻人，将他们送进监狱，之后再把他们送回那个地方，这些人会对生活在该地区的人不利。"

罪率也出现了同样的情况，甚至连那些没有采取严厉措施打击犯罪的州的情况也是如此。越是研究三振出局法，就越难以厘清它对犯罪的影响。一些犯罪学家得出结论，说三振出局法确实可以减少犯罪案件的发生。还有一些人认为该法的确有一定成效，但他们也认为如果政府将关押罪犯的这笔费用花在其他地方会更好。2013 年左右的一项研究表明，三振出局法确实降低了整体的犯罪率，但同时使暴力犯罪增多了。[6] 这是一个很矛盾的结果。也许那些规模最大的研究可以证明三振出局法对犯罪率完全没有影响，甚至有些研究结果表明该法导致犯罪率提高了。[①] 加州实行了美国历史上最伟大的刑法实验。20 年过去，在投入数十亿美元后，竟没有人能确定这个实验是否带来了好的结果。[②]2012 年 11 月，加州最终放弃了三振出局法。经过州公民投票后，这项法律被彻底废除。[③]

---

① 举个例子，根据法律规定，检察官可以选择是否使用三振出局法中的刑期规定。在某些城市，如旧金山，这些规定就用得比较少。而在加州中央山谷的一些地区（靠近迈克·雷诺兹的家乡），检察官认为该刑期规定适用的次数多达 25 次，甚至更多。假设三振出局法确实可以防止犯罪，那么一个地区使用三振出局法的频率与犯罪率下降的速度之间应该有某种联系。但实际上并不存在这样的联系。假设三振出局法确实有威慑作用，那么法律明文规定惩罚的罪行的犯罪率应该比那些法律无明文规定的罪行的犯罪率下降得更快，对吧？同样，这样的结果也没有出现。

② 20 世纪 80 年代，加州政府预算中有 10% 用于高等教育，3% 用于监狱管理。三振出局法颁布 20 年后，加州政府预算中有 10% 用于监狱管理，监狱中每名罪犯每年的花销为 5 万美元；而用于教育的预算则只有 8%。

③ 2012 年 11 月，68.6% 的加州选民将票投给了 36 号提案。36 号提案指出，当罪犯的第三次罪行符合“严重的暴力犯罪”时，才可适用 25 年的终身监禁。同时，该提案也允许先前那些被三振出局法判刑，如今正在执行终身监禁刑罚的罪犯申请重新量刑，前提是他第三次犯的不是重罪。

4

维尔玛·德克森（Wilma Derksen）此时在家，她正准备清理地下室。这时，她女儿坎达丝往家里打了个电话。那天是11月的周五下午，是欣贝尔·雷诺兹最后一次从父母家里走出来的10年前。德克森一家住在马尼托巴省的温尼伯，那里处于加拿大的中央大草原地区。那年的那个时候，外面的气温已经降到了零摄氏度以下。坎达丝13岁。她在电话里咯咯地笑着。当时她正和学校里的一个年轻男孩儿打情骂俏。坎达丝想让母亲去学校接她，维尔玛盘算了一番。他们家有一辆车，她得去接她丈夫克里夫下班，但克里夫还得再工作一小时。她还有另外两个孩子，一个10岁，一个9岁。她听到他们正在另一个房间里吵架。她得先让他们穿好衣服，然后一起去接坎达丝，最后去接她丈夫。这样的话，三个孩子就得饿着肚子在车上待一个小时。坎达丝已经13岁了，不再是小孩子了，她可以自己搭公交车。再说，现在家里还一团糟。

“坎达丝，你有钱搭公交车吗？”

“有。”

“那好，那我就不去接你了。”她母亲说道。

德克森又回去用吸尘器打扫房间，接着熨衣服，忙这忙那。然后她停了下来，好像哪里不对劲。她看了看时钟，坎达丝现在应该到家了才对。外面正下着雪。她想起坎达丝并没有穿得很暖和。她在房子前面的窗户和后头厨房的窗户之间来回观察外面路上的情况。坎达丝会走这两条路线中的一条。时间一分一秒地过去了，该去接她丈夫了。她把另外两个孩子都带出去了。她驾车缓慢地沿着塔尔伯大街行驶，这条路连接着她家和坎达丝的学校。她透过玻璃看着窗外的 7–11 连锁便利店。她女儿有时候会在那里逗留。她开车去了学校，发现大门紧闭。“妈妈，她去哪儿了？”9 岁的小女儿问德克森。她开车带着孩子们到了克里夫上班的地方。

“我找不到坎达丝。”她对丈夫说，“我很担心她。”

他们四个人回家后，便逐条街寻找。他们开始给坎达丝的朋友打电话。大家都说，下午放学后就没看见她。维尔玛·德克森于是开车去找那个之前和坎达丝打情骂俏的小男孩儿。他说他最后看见她时，她正沿着塔尔伯大街走路。德克森报了警。那天晚上 11 点，两个警察来敲他们家的门。他们坐在餐厅的桌边，问了维尔玛和她丈夫一个又一个问题，他们想知道坎达丝在家过得是否开心。

德克森一家人成立了一个搜查小组。成员主要是他们一家常去的那个教堂里的人、坎达丝学校里的同学和老师，以及所有他们能想到的人。他们在整个温尼伯地区张贴寻人启事——“你看到坎达丝了吗”，展开了该市历史上规模最大的民间寻人活动。他们不停地祈祷，不停地喊着坎达丝的名字。他们不眠不休。一个月过去了。德克森夫妇带两个年幼的孩子去看电影《木偶奇遇记》，想放松一下。而当他们看到电影里心碎的老木匠杰佩托到处去寻找丢失的儿子时，他们根本无法放松下来。

第二年 1 月，坎达丝·德克森失踪 7 周后，德克森一家来到了当地的警察局。两个负责该案子的警官问他们是否可以同克里夫单独谈一谈。过了几分钟后，他们把维尔玛带到了房间里，克里夫正在那里等她。警察关上了门。克里夫等了一下，然后便开口了。

“维尔玛，他们找到坎达丝了。”

她的尸体被扔在离德克森家 0.25 英里的小屋里。她的手脚都被绑住了。她是被冻死的。

5

德克森一家遭遇了和迈克·雷诺兹一样的变故。温尼伯市处理坎达丝失踪案的方法与弗雷斯诺市处理欣贝尔·雷诺兹谋杀案的方法一样。德克森一家和迈克·雷诺兹一样悲伤。两个悲剧看似相同，实则有一定区别。它们的区别就是从这里开始的。

德克森一家从警察局回家时，他们的房子里已经挤满了亲朋好友。大家在那里待了一整天。到晚上 10 点，只剩下德克森一家和其他几个关系亲密的朋友。他们坐在厨房里，吃着樱桃派。这时，门铃响了。

“我想可能是谁落下了手套或者其他东西。”德克森说道。我们交谈时，她就坐在温尼伯家里后院的园椅上。她谈起她生命中最漫长的那天时，说话断断续续，语速也很缓慢。她说她开门后，发现是一个陌生人。“他说了一句：‘我的孩子也被人杀了。’”

那个男人 50 多岁，比德克森年长。几年前，他的女儿在一个甜甜圈店里被人杀害了。那件案子在温尼伯市引起了极大的关注。一个叫托马斯·索夫劳（Thomas Sophonow）的犯罪嫌疑人因为杀人和三次企图谋杀被逮捕。他在监狱里坐了四年牢，后来上诉，法院宣判其无罪。那个男人也在德克森家的厨房坐了下来。他们给了他一块樱桃派。接着他便说起了自己的遭遇。

“我们所有人都坐在桌边，盯着他。”维尔玛·德克森说道，“我记得他说自己去听了所有的审判——三次都去了。他自己有一本黑色的小册子——很像记者的做法。他记下了每一个细节，甚至把自己支付的费用的票据都一一保存了下来。他把一切都整理得井井有条。他说起了索夫劳、法庭、他对无罪判决的愤怒，以及无力追究罪犯责任的司法系统。他想要搞清楚一切。然而这个过程搞垮了他，也毁了他的家庭。他没办法再去工作。他身体很不好，得接受药物治疗。我想他应该是在那个时候患上了心脏病吧。我不知道他是否跟他的妻子离了婚，但听他的口气好像是这样的。他没怎么说到他的女儿。他很想得到一个公正的判决，我们能看得出来。他没怎么说这一点，但我们都能感觉到。”他反复说的一句话是：“我告诉你们这些是想让你们知道前面等待你们的是什么。”午夜之后，那个男人终于说完了。他看了看表。他讲完自己的故事了，于是他就起身离开了。

“那是恐怖的一天，”德克森说，“我们都疯了。我是说，我们……我是说，我不知道该怎么解释那种麻木。但也是这种经历打破了那种麻木不仁的状态，因为他描述的实在是太清晰了。我感觉这是一件很重要的事。我不知道该怎么解释，感觉就像有人在对我说：‘记下来，这对你来说很重要。你知道，你正在经历一段艰难时期，但你现在一定要注意这些。’”

那个陌生人说他无法逃脱自己的命运——“我告诉你们这些是想让你们知道前面等待你们的是什么”。但是对德克森来说，那个男人说的不是什么预言，而是警告——前面会有什么。如果他们一直执着于女儿被谋杀这件事，他们会因此失去健康的身体、正常的神智，以及彼此。

“如果那天他没有来，一切也许会不一样。”德克森说，“后来当我回过头去看，我才发现原来他迫使我们去思考其他的事情。我们在告诉彼此，我们该怎么走出悲伤。”

德克森一家去睡觉了，或者说试着去睡觉了。第二天就是坎达丝的葬礼。德克森一家同意接受采访。省里的新闻媒体几乎都来了。坎达丝·德克森的失踪引起了整座城市的关注。

“你们觉得杀害坎达丝的会是谁？”一个记者问德克森一家人。

“我们想知道那个人或者那些人是谁，似乎这些人的生命中已经没有爱了。”克里夫说道。

维尔玛接着说了下去。“我们最关心的就是找到坎达丝，我们已经找到她了。”她接着说，“此时此刻，我不能说我原谅了那个人，”她强调的是“此时此刻”还不能，“我们都做过恶劣的事情，或者曾经渴望这么做。”[7]

6

相比迈克·雷诺兹，维尔玛·德克森是更勇敢，还是更懦弱？人们往往忍不住问这个问题。但这个问题并不正确：他们两个人的出发点都是好的，而且他们都做出了非常有勇气的选择。

他们之间的不同在于，他们对行使权力能得到什么结果的看法不同。德克森夫妇因为不知道行使权力会得到什么结果，所以他们努力克服了身为父母的本能，不去进行反击。他们并不相信什么伟大的权力。他们从小就在门诺派的传统教义的影响下长大。门诺派教徒是和平主义者、局外人。维尔玛一家是从俄国移民到美国的。18 世纪时，俄国有很多门诺派教徒。在俄国革命和斯大林时期，门诺派教徒遭到了蓄意迫害。整个门诺派村庄被摧毁；几百名成年男性被送到西伯利亚；他们的农场被洗劫一空，或被烧毁夷为平地；整个族群被迫逃往美国和加拿大。德克森给我看了一张她姨奶奶的照片，那张照片是在俄国拍摄的。她说她还记得以前奶奶就是看着这张照片，给德克森讲她妹妹的故事的，她总是边讲边抹眼泪。德克森的姨奶奶是主日学校的老师，孩子们都很喜欢她。俄国革命期间，一些全副武装的男人朝着她和孩子们冲了过来，将他们都杀害了。维尔玛说她奶奶半夜时常被噩梦惊醒，俄国发生的一切对奶奶来说像是一场噩梦，但奶奶早上仍旧照常起床去干活儿。她还说她父亲决定不去告那个欠他很多钱的人，而是选择离开。“这就是我所相信的，也是我们的生活方式。”她的父亲一定会这样说。

在一些宗教运动中，他们都有自己追随的伟大英雄或先知。门诺派的英雄就是德克·威廉姆斯（Dirk Willems）。16 世纪时，威廉姆斯因坚持自己的宗教信仰而被捕，并被关在监狱塔里。他通过一条用旧衣服拧成的绳子从窗口爬了出去，逃到城堡冰封的护城河边上。一个士兵追了上来。威廉姆斯安全地逃到了河的另一边，而那个士兵不幸踩破冰面，掉进冰水里。威廉姆斯停了下来，又跑回去，将那个士兵拉了出来。因为他的怜悯之心，他又被抓回监狱。士兵残忍地折磨他，把他绑在桩子上，慢慢用火烧他。他一遍又一遍地喊着“哦，天啊，我的天啊”，整整喊了 70 遍。[1]

“小时候大人们教过我用另一种方法来对待这些不公。”德克森说，“上学时我们学过被迫害的历史。我们都知道 16 世纪的那段殉道史。门诺派的哲学就是原谅，然后继续往前走。”对门诺派教徒而言，原谅是一种宗教指令：原谅那些冒犯你的人。然而，这同时是一种非常实用的策略，因为我们都知道，那些惩罚机制能达到的效果是十分有限的。门诺派教徒相信倒 U 形曲线理论。

迈克·雷诺兹就一点儿也不明白限制的意义。他相信州政府和法律会还他女儿一个公道，因为这是原则性问题，他们不会马虎。雷诺兹曾谈到臭名昭著的杰里·德怀恩·威廉姆斯案。案子是这样的：一个年轻人在洛杉矶南部的雷东多海滩码头上，从四个孩子那里抢了一块比萨。因为威廉姆斯曾有 5 次犯罪记录，有抢劫、持有毒品、违反假释规定等案底，抢比萨被看作他的“第三次犯罪”。他因此被判了 25 年监禁。[2] 威廉姆斯的刑期比犯了谋杀罪的狱友的

---

① 《阿米什的恩典》（*Amish Grace*）中有这样一个故事：一个年轻的阿米什母亲，她 5 岁的孩子被一辆超速行驶的汽车撞倒了，受了严重的伤。阿米什和门诺派教徒一样，继承的都是德克·威廉姆斯的传统。他们也和门诺派教徒一样，早期曾遭受迫害。在门诺派和阿米什的传统中，有无数类似的故事：

> 调查案件的警官把汽车司机拉到巡逻车上做酒精测试，受伤孩子的母亲走近那辆巡逻车，跟警官谈话。她的小女儿用力地拉着她的裙子。那位母亲说：“麻烦您照顾一下这个孩子。”那个警官以为她说的是自己受了重伤的儿子，于是答道：“救护车的医生和护士会尽力救他的。剩下的就只能看上帝的安排了。”那位母亲指了指坐在巡逻车后座上的犯罪嫌疑人：“我说的是司机，我们宽恕他了。”

② 后来法官判决减刑，威廉姆斯坐了几年牢后就被释放了。他的案子后来成为反对三振出局法运动的一个口号。

刑期还长。

回顾历史，威廉姆斯案标志着迈克·雷诺兹改革的结束。这个案子强调了一件事：关于三振出局法的一切想法都是错误的。法律竟然不能区分一个抢比萨的人和一个谋杀者。而迈克·雷诺兹永远也不会明白，为什么威廉姆斯案会引起那么大的公愤。在他看来，威廉姆斯违反了一条基本原则：他一而再地违反规则，因此法律和规则就应该剥夺他的自由。道理就这么简单。"你看看，"雷诺兹说，"那些因为第三次犯罪栽了的人，他们依然能活生生地待在监狱里——他们已经赚到了。"对他而言，最重要的是法律对累犯起到了罚一儆百的警戒作用。"那些媒体每次都拿那个抢比萨的蠢货来大做文章，他那就是第三次犯罪，"他接着说，"他们这种行为根本不能杜绝加州的犯罪发生。"

英国在北爱尔兰问题发生初期也奉行了同样的原则。他们不允许当地人制造炸弹和武器，也不允许人们在白天杀人。任何一个民权社会都无法在这样的环境中延续下去。弗里兰将军完全有理由对暴徒、持枪者采取强硬手段。[8]

弗里兰和雷诺兹一样，他也不明白凡事都有限制：过了某个点之后，那些原本出于好心才使用的权力会适得其反。搜查楼而菲地区的某栋房屋是明智的选择，而彻底搜查整个街区只会让事态恶化。20 世纪 70 年代中期，北爱尔兰地区的每个天主教家庭平均被搜查过两次。某些街区的天主教家庭甚至被搜查过 10 次，或者更多。在1972—1977 年的北爱尔兰地区，四个 16~44 岁的天主教男人中就有一人至少被逮捕过一次。即使这里的每一个人都做了违法的事，使用严厉的手段来对付他们也并不总是奏效。[①]

要吸取“权力是有限制的”这个教训，并不容易。这需要当权者接受这样一个事实：那些在他们看来是最大优势的事物其实是有限制的。他们倚仗这种优势，想搜多少人的家就搜多少人的家，想抓多少人就抓多少人，想把人们关多久就把人们关多久。卡洛琳·萨克斯面对的也是类似的状况，她发现原本在她看来是优势的东西却使她处于不利地位。当你要在一所很棒的学校和超级棒的学校之间做出选择，你得承认你的优势是有限的。当你在医院里，握着死去女儿的手时，你得承认你的能力是有限的。“爸爸是万能的，可是当我的女儿出事时，我却什么也做不了。”雷诺兹说。他向女儿许下承诺，他会坚强，尽他所能为这个社会做一点儿贡献。他不能食言。具有讽刺意味的是，迈克·雷诺兹的悲剧就在于为了实现诺言，他让加州的情况变得比从前更糟糕了。

过去那些年，很多人来到弗雷斯诺和迈克·雷诺兹谈论三振出局法。他们开车从洛杉矶驶入中央山谷的平原里，这俨然成了一种朝圣行为。雷诺兹的习惯是把这些人带到每日星球餐厅。他女儿被杀害之前就是在那里就餐的。在我来到这里之前，我听说过一个关于那些人拜访雷诺兹的故事。雷诺兹和餐厅的经营者发生了争执。老板让他别

---

① 在 20 世纪 90 年代中期，爱尔兰共和军每天都会组织人们坐巴士去贝尔法斯特城外的监狱，仿佛那监狱是一座游乐园。“在天主教聚集区里，几乎每个人都有父亲、兄弟、叔叔或者堂（表）兄弟被关在监狱里，”政治科学家约翰·索尔（John Soule）提到北爱尔兰问题时这样写道，“在这样的氛围中，年轻人会学着将被监禁看作一种荣誉的象征，而不是一种耻辱。”

再带人来这里转圈了，雷诺兹影响了她店里的生意。“你打算什么时候结束这一切？”她问雷诺兹。雷诺兹大怒。“当然，这确实影响了她做生意，”他说，“但是我女儿的死毁了我们的生活。我告诉她，如果我女儿复活了，我就不会再这么做了。”

访谈结束后，雷诺兹说他想带我去看看他女儿被杀害的地方。我无法答应他。这似乎太残忍了。于是雷诺兹从桌子那边走过来，把他的手放在我的手臂上。

“你带钱包了吗？”他说。他递给我一张护照规格的照片，上面是他的女儿。“这是欣贝尔被杀害之前的一个月拍的。也许你可以将它放在你的钱包里。当你想到她的时候，你可以拿出来看看。有时候你需要看看这样的脸。”迈克·雷诺兹总是很伤心，“这个孩子拥有无数个活下去的理由，但却发生了这样的事，某个冷血的人将她杀害了。一切就这样停止了。”

7

2007 年，德克森一家接到了警察的电话。“我拖了他们两个月。”维尔玛·德克森说。关于坎达丝还有什么可说的呢？距离坎达丝失踪那天，已经过去 20 年了。他们一直很努力地在生活。揭开旧疮疤有什么好处呢？最终他们还是答应了。警察来了。他们说：“我们抓到杀害坎达丝的人了。”

这些年来，警察一直将发现坎达丝尸体的那间小屋的东西封存在警察局仓库里。现场采证时发现的 DNA（脱氧核糖核酸）与一个名叫马克·格兰特的男人的DNA相吻合。他家离德克森家并不远。他有过性侵犯罪前科。成年后，他大部分的时间都是在监狱里度过的。2011年1月，格兰特被带上了法庭。

德克森说她很害怕。她不知道自己该做何反应。关于她女儿的记忆一直停留在她的脑海里，而现在，一切就要被挖开了。她坐在法庭上。格兰特的脸有些浮肿，脸色苍白。他的头发已经白了。他看起来像是生病了，一副很虚弱的样子。“他正生我们的气，这太奇怪了。”她说，“我不知道他为什么生我们的气，我们才是应该对他生气的人啊。一直到预审听证会结束时，我才看了他一眼，我自言自语：‘你就是那个杀害坎达丝的凶手。’我记得我们两个人彼此对望的情形，我简直不敢相信这一切：‘你是谁？你怎么可以？你怎么能做这样的事？’”

“我生命中最糟糕的时候是——不行，我要哭了——当我……”她停下来，为她的情绪失控向我道歉，“当我知道他将坎达丝的手脚绑在一起时。我知道这意味着什么。性爱可以有很多种方式，我没想到……”她又停了下来，“我是一个很淳朴的门诺派教徒。当我知道他把坎达丝绑起来，把他的快乐建立在坎达丝的痛苦之上，折磨坎达丝让他觉得快乐时……我不知道这到底有什么意思。对我而言，这比强奸还难受，你知道吗？这是不人道的行为。我知道，性欲会把人带入歧途。但他这样的人完全就是希特勒再世。太可怕了。这才是最糟糕的。”

当一切都很抽象时，原谅就是挺简单的一件事。坎达丝被杀害时，他们不知道凶手是谁，不知道凶手的名字、长相。但是现在，他们知道他是谁了。

“你怎么能宽恕这样的人？”她接着说，“我的生活因此变得复杂多了。我要同我心里的那些想法做斗争——‘哦，为什么他不死了算了？为什么没有人杀死他？’这些想法并不理智，这是报复。从某种程度上来说，这也在折磨他，他的命运就握在我手里。”

“有一天，当我在教堂里的时候，我心里的这种感觉减弱了几分。我当时和朋友们在一起。我只是在谴责那种疯狂的性欲。隔天早上，其中一个朋友打电话给我说：‘我们一起吃早餐吧，’她又接着说，‘我们不能在电话里说，你来我的公寓吧。’于是我就去了她的公寓。她告诉我，她十分喜欢色情片、性奴役和性虐待这些东西，她就是那个世界的人，所以她了解这些。她跟我说了有关性的一切。我记得我当时是爱她的。我们曾一起在政府部门工作。她怪癖的一面都曾完完全全地在我面前隐藏起来。”

德克森说了很久。她的情绪慢慢恢复了正常，她语速缓慢，声音温柔。“她很担心，很害怕，她看到了我的愤怒。难道我应该沉浸在愤怒的情绪里，然后对她怒目而视吗？难道我要拒她于千里之外吗？”她发现，如果她要原谅她朋友，她就得原谅格兰特，她的道德观让她不能区别对待每一个人。

“我非常抗拒，”她接着说道，“我不愿去原谅。我不是圣人，我不可能永远都那么宽容。这是我最不愿意做的事情。说起来容易，做起来难啊。”她做了一个握拳的姿势。“我知道会有更多人支持我，我能拥有很多拥护者，我背后甚至可以有一个庞大的组织。”

维尔玛·德克森可以变成迈克·雷诺兹那样的人，她也可以起草自己的三振出局法，但她并没有选择这条路。“刚开始可能会比较容易，但慢慢地会越来越难。我想如果那样的话，我将会失去克里夫，还有我的孩子。也许我会像凶手对坎达丝那样对待其他人。”

一个男人在悲痛之余，动用了整个州的权力，结果让政府陷入毫无成果却花费高昂的实验泥沼中。一个女人，她绕开权力，去寻找宽恕的勇气，于是她拯救了她的友情、婚姻，还有心灵。世界完全颠倒了。

9

权力并没有其本身看起来那般强大，但也没有那般弱小。

权力的大小：好客的乐尚邦

1

1940 年 6 月法国沦陷之后，德军允许法国人在维希市组建政府。政府由法国“一战”时的英雄马歇尔 · 菲利普 · 贝当（Marshal Philippe Pétain）领导。他是一个独裁者，拥有最高权力。贝当和德军积极合作。他剥夺了犹太人的权利，并让他们离开原有岗位。为了废除反法西斯法律，他围捕法国的犹太人，将他们关进拘留所；后来又采取了 12 项其他措施，这些措施或大或小，其中包括要求法国学生每天早上都对着法国国旗敬法西斯军礼——抬起右手，掌心朝下。在德国占领法国时期，很多政策都被调整了，每天早上对国旗敬礼不过是其中的一件小事。大多数人都顺从了，但利尼翁河畔勒尚邦的人们并没有顺从。[1]

勒尚邦是维瓦赖高原的 12 座村庄之一。维瓦赖高原是一个山区，位于法国中南部，离意大利和瑞士边境不远。勒尚邦是一个偏远的村庄，离它最近的城镇也远在山那边，有几英里远。该地区为农业区，松林周围都是农场。几个世纪以来，勒尚邦一直是持不同政见的新教教派的聚居地，其中最重要的教派为胡格诺派（Huguenots）。当地的胡格诺牧师名叫安德烈·特罗克梅（André Trocmé）。他是一个和平主义者。法国沦陷后的那个周日，特罗克梅在勒尚邦的一座新教教堂布道。“爱我们的敌人，宽恕我们的敌人，好好对待我们的敌人，是我们的责任。”他说，“但是我们不能放弃，不能逃避。当敌人命令我们遵守那些与福音书背道而驰的命令时，我们一定要抵抗，但同时也不恐惧，不骄傲，不憎恨。”[2]

维希政府的敬法西斯军礼政策在特罗克梅看来，就是“与福音书背道而驰的命令”的典型例子。早些年，他和另一位牧师爱德华·泰斯（Édouard Theis）在勒尚邦创办了塞维诺中学。他们打定主意，不在塞维诺树立旗杆，也不让学生敬法西斯军礼。

维希政府的下一步措施是要求所有法国教师签署忠于政府的契约。特罗克梅、泰斯和塞维诺中学的全体教师都拒绝签字。贝当还要求每所法国学校都挂上他的肖像。特罗克梅和泰斯也没有遵守他的命令。维希政府成立一周年时，贝当要求该地区的所有小镇都要在8月1日正午敲响教堂的钟。特罗克梅告诉教堂的看门人——一个名叫阿梅莉的女人，不要理会这种命令。两个来小镇避暑的人来到教堂，因没听到敲钟而发牢骚。“这个钟又不属于元帅，它是属于上帝的。”阿梅莉直截了当地说道，“这个钟是为上帝敲的，不会为其他人而敲。”[3]

从1940年春天到冬天，欧洲犹太人的生存状况持续恶化。一个女人来到特罗克梅的家门口。她很害怕，由于寒冷一直打战。她说她是犹太人，她此刻的处境很危险。她听说勒尚邦是一个好客的地方。“于是我说‘进来吧’，”安德烈·特罗克梅的妻子玛格达回忆道，“一切就这样开始了。”[4]

后来，越来越多的犹太人涌入了勒尚邦。特罗克梅乘火车去马赛见一个名叫伯恩斯·查尔莫的贵格派教徒。贵格派当时正在法国南部设法营救被关进拘留营的人。那里的条件十分恶劣，到处都是老鼠和虱子，而且病毒肆虐。1940—1944 年，一个拘留营里死亡的犹太人达到 1 100 人。而那些活下来的人则被运到法国以东的地方，最终在纳粹的集中营死去。贵格派教徒可以轻易地将人们，尤其是小孩，救出集中营，但是他们不知道能将这些人送往哪里。特罗克梅说可以把人送到勒尚邦。刚开始，去勒尚邦的犹太人都是小批的，后来变成了一大批，他们如大潮一般涌进了勒尚邦。

1942 年夏，维希政府的青年事务部长乔治·拉米朗（Georges Lamirand）去了勒尚邦。贝当想让他效仿希特勒在德国建立青年营的举措，在法国各地建立青年营。

拉米朗穿着显眼的海军蓝制服，带着他的随从，走遍整个山区。[5]他的日程安排里提示，他要出席一个宴会；然后要一路游行去小镇的体育馆，与当地的青年人会面；最后参加一个正式的招待会。然而，宴会进行得并不是很顺利。食物差强人意。特罗克梅的女儿“不小心”把汤洒在了拉米朗的制服上；游行的时候，街上一个人也没有。体育馆里什么也没准备：孩子们在那里乱转、横冲直撞，其他孩子呆呆地看着眼前的一切；招待会上，镇上的一名男子突然起身，念了《新约·罗马书》中的第 13 章第 8 节：“凡事都不可亏欠人，唯有彼此相爱。因为爱邻居就是成全了律法。”

随后，一群学生朝拉米朗走过去，当着全镇人的面给他看了一封信。这封信是他们在特罗克梅的帮助下写的。那年夏天早些时候，维希警察局受纳粹之命，在巴黎逮捕了12 000名犹太人。这些犹太人被囚禁在巴黎南部的冬季赛车场上，那里的条件十分恶劣，后来他们被送往奥斯威辛集中营。勒尚邦的孩子们很清楚这一切，他们不希望自己遭受同样的命运。“部长先生，”信的开头写道：

> 我们得知了三周前发生在巴黎的恐怖事件。法国被德国人残酷地占领了，然而法国军队却听命于德军，在巴黎逮捕了所有的犹太人，并把他们送往冬季赛车场。那些父亲被迫与自己的家人分开，他们被送到了德国。孩子们被迫与自己的母亲分开，他们和父亲一样，也被送往了德国……我们害怕政府也在南部实行驱逐犹太人的政策。
>
> 我们觉得有必要告诉您，我们之中也有犹太人。但是，我们不应该区别对待犹太人和非犹太人。这是违反福音书教义的。
>
> 我们的朋友，他们只是信奉另一种宗教而已。假如政府下令驱逐他们或审讯他们，他们是不会接受的。而我们也会尽力地帮助他们躲避政府的抓捕。
>
> 我们之中有犹太人。你们不会抓到他们的。

2

为什么纳粹军队不来勒尚邦，给这些居民做个示范？特罗克梅和泰斯开办的那所学校，在战争前夕只有18名学生，到1944年已经有

350 名学生了。这 332 名学生从哪里来的，显而易见。这个小镇一向没有什么秘密。“我们觉得有必要告诉您，我们之中也有犹太人。”一个帮忙救助犹太人的工人说，犹太儿童会乘坐从里昂开来的火车到达勒尚邦。她一个月得上那趟车好几次，然后一次带 12 个左右的犹太儿童下来。她会先把他们安顿在火车站边上的五月旅店，再去镇上走一圈，看看有没有人可以收留他们。当时的维希政府有规定，运送和窝藏犹太难民是违法行为。在战争过程中，从纳粹军队的行为可以看出来，他们是不会在犹太人的问题上妥协的。有一次，维希警察局的人员在勒尚邦待了三周，他们来搜查小镇和周围的村庄，看看是否有犹太难民。他们只抓了两个人，后来还释放了其中一个。为什么他们不干脆把整个镇的人都抓起来，送往奥斯威辛集中营？

撰写勒尚邦历史的菲利普·哈里（Philip Hallie）指出，在战争末期，保护这个小镇的是陆军上校尤利乌斯·施梅林（Julius Schmehling），他是该地区的高级盖世太保[①]警官。当地的维希政府警察中也有很多富有同情心的人。有时候，安德烈·特罗克梅会在深夜接到电话，对方会提醒他隔天有突击行动。当地的警察局小分队也会突然出现，他们其实是来搜查隐匿难民的，但他们会先在当地的咖啡馆喝杯咖啡，会喝很长一段时间，以提醒镇上的人他们是来干什么的。当时德国军队已自顾不暇，特别是在 1943 年，当时的东线战役已经开始在拖他们的后腿，估计他们也不想和这些好争辩又不随和的山区人发生冲突。

---

① 盖世太保（Gestapo），德语“国家秘密警察”（Geheime Staats Polizel）缩写的音译，纳粹通过盖世太保来实现对德国及被占领国家的控制。——编者注

然而，其实最确切的答案是扫荡一个小镇、消灭一群人、打击一场运动没有想象中那么容易。这也是本书试图弄清楚的问题。权力并没有它看起来那般强大，但也没有那么弱小。勒尚邦的胡格诺派由原先的法国新教徒发展而来。事实上，法国人以前曾试图除掉他们，但最终失败了。胡格诺派在宗教改革期间脱离了天主教会，法国政府因此将他们视为反叛者。很多国家和国王都试图让胡格诺派回归天主教会，当权者禁止胡格诺派举行活动，他们公然围捕、屠杀胡格诺教徒。成千上万的胡格诺派男教徒把孩子们送上了绞刑架，而女教徒则被终身监禁。为了使孩子们摆脱信仰，他们就把孩子们寄养在信奉天主教的家庭。这种恐怖统治持续了一个多世纪。17 世纪末，20 万名胡格诺教徒离开法国，逃到了欧洲的其他国家和北美洲。而那些留在法国的人就只能隐藏自己的信仰。他们会在偏远的树林里秘密地举行仪式。他们躲到了维瓦赖高原上的高山村庄。他们在瑞士开设了神学院，并将牧师偷偷地带出边境。他们学会了如何躲避追捕，也学会了伪装。他们坚持了下来，并且不断地学习，就和闪电战时期的英国人一样，他们不完全是害怕，他们只是因为害怕而害怕。[①]

---

① 历史学家克里斯汀·范·德·赞登（Christine van der Zanden）说这是一片热情好客的高原。该地区有一段收容难民的悠久历史。1790 年，法国议会要求所有被关押的天主教教士签署效忠国家的誓约，试图将教会变成政府的附属机构。那些拒绝签署誓约的人只能逃命。他们当中有多少人逃走了？在维瓦赖高原，有一个训练有素的群体，他们已经准备好要反抗了。反抗的队伍不断壮大。"一战"期间，高原的人开始接收难民。西班牙内战期间，他们接收了那些从由佛朗哥将军领导的法西斯军队中逃出来的人。在纳粹恐怖统治前期，他们接收了那些从奥地利和德国逃过来的社会学家和共产主义者。

"村里的人都知道什么是迫害，"玛格达·特罗克梅说道，"他们常常会谈起自己的祖先。很多年过去了，他们已经忘记了。但当德军过来的时候，他们会重新记起。他们也都了解情况，这个村子的犹太人遭受的迫害少，比其他村子好，因为他们提前做了一些准备工作。"玛格达·特罗克梅说当第一个难民出现在她家门口时，她没办法拒绝这个难民。"这件事危险与否，我不知道。没人会去想这些。"这件事危险与否，我不知道？没有人会去想这些？法国其他地方的人都知道，他们的生命处在危险之中时，勒尚邦的人却不这么想。第一批犹太难民到达时，镇上的人给他们每个人制作了假的身份证明。这对于一个多世纪以来，一直对政府隐藏自己真实信仰的群体来说，并不是一件多难的事。人们把犹太难民收留在他们以前收留难民的地方；他们循着那条用了 300 年的路线，将他们送往瑞士边境。玛格达·特罗克梅接着说："有时候人们会问我：'你怎么会做出这样的决定？'其实我并没有做任何决定。问题在于，你认为我们是不是兄弟姐妹？是的话，我们就尽力去帮助他们！"[6]

为了铲除胡格诺派，法国政府在自己的土地上制造了一个陷阱，然而这个陷阱可以用来做一切别的事情，就是不能铲除他们。

就像安德烈·特罗克梅曾经说的："靠这样的人，纳粹怎么可能走到最后呢？"[7]

3

安德烈·特罗克梅出生于 1901 年。他个子很高，身体结实，长着一个长鼻子，一双蓝色的眼睛锐利有神。他工作起来总是不知疲倦，常会从勒尚邦的这头走到那头。他的女儿奈莉写道：“他浑身的毛孔都散发出一种责任感。”[8]他说自己是一位和平主义者。不过他这个人的心态倒是不平和。他，还有他的妻子玛格达，常常会彼此大吼。这在镇上是众所周知的。人们常说他是一个“被上帝征服的暴力人士”。“当人们无礼地咒骂他时，”他在日志里写道，“他不应该毫无反应，不应该懦弱，而且在面对重大的基督教教义问题时，他永远不能让步。”[9]

拉米朗部长访问这里6个月后，特罗克梅和爱德华·泰斯被逮捕，并被关进了拘禁营（据哈里所写，“他们的个人财产都被没收了，那些人通过观察他们的鼻子，来确认他们是否为犹太人”）。一个月后，他们被告知可以走了，但前提是他们得签署“无条件遵从政府为维护法国利益，推行贝当元帅的国家改革政策而下的命令”誓约。特罗克梅和泰斯都拒绝签名。拘禁营的长官狐疑地走到他们身边。在这里的大部分人都会死在毒气室里，而他们只要在纸上签个名，稍微表明一下他们的爱国情怀，他们就自由了。

“什么？”营长对他们咆哮道，“这份誓约完全没有违背你的良心啊！元帅都是为了法国好！”[10]

“但元帅的其中一种行为，我们无法认同，”特罗克梅答道，“他把那些犹太人都送到德国去了……如果我们能回家，我们仍然会跟他对着干，仍然会违背政府的命令。我们怎么能签这个东西？”

监狱的长官最终放弃说服他们，把他们送回了家。

战争后期，当盖世太保加大对勒尚邦的监控力度时，特罗克梅和泰斯被迫逃亡。泰斯加入地下组织，致力于帮助犹太人越过阿尔卑斯山前往安全的瑞士境内。（“这种做法并不理性，”他跟哈里这么解释他的做法，“但是你知道，我无论如何都必须这么做。”[11]）特罗克梅带着他的假身份证明，在一个又一个镇子里躲避追捕。尽管他已经很小心了，但他还是在里昂火车站被警察逮捕。他极度焦虑，担心自己的身份会被揭穿，更害怕警察盘问身份证明方面的东西。哈里写道：

> 他的身份证上的名字是贝杰，警察问他这是不是他的真名。为了隐瞒身份，他只好说谎。但是他又不能说谎。说谎，尤其是为了他自己而说谎，是“一种妥协，上帝不会同意我这么做的”，他在自己的自传中这么写道。利用假身份证明救其他人或者救他自己是一回事，但是在其他人面前，为了自保而说谎对他来说则是另外一回事。[12]

在你的身份证上印上一个假名字和对警察说出你的假名，这两件事从道德上来说真的有区别吗？也许没有。而且当时和特罗克梅一起逃亡的是他的小儿子。他还要去救那些难民，将他们藏起来。所以他说谎是情有可原的。换言之，这是一个无恶意的谎言。

但问题不在这里。特罗克梅和杰·弗赖雷克、怀亚特·沃克、弗雷德·沙特尔斯沃思不一样，这种说谎的成就感让他心里感觉不舒服。在这一点上，他是一个不随和的人。不随和的魅力在于他的顾虑和我们不一样。沃克和沙特尔斯沃思都没有什么东西可输。假如你经历过这些——房子被人放火烧毁，车子被三 K 党围攻，你还被他们用拳头揍过——你会想，还有什么会比这更糟糕的？杰·弗赖雷克被告知，要停止他的所作所为，他们警告他不要拿自己的职业生涯开玩笑。他被问责，被他的同事抛弃。他用手抓着快死的孩子们，然后把一大根针插进他们的胫骨里。他经历过最糟糕的时期，还有什么可害怕的？很久以前，那些将自己摆在第一位的胡格诺教徒要么改变了自己的信仰，要么放弃了自己的信仰，要么逃亡了。而留下来的那些，都是顽强的、敢于反抗的人。

那些警察并没有问特罗克梅有关身份证明的问题。特罗克梅说服那个警察，把他带回火车站。他跟儿子约好在那边见面。去了火车站之后，他便从侧门溜走了。其实，如果那个警察开口问他是不是贝杰，特罗克梅会告诉对方实情的，他已经暗自做了决定了：“我不是贝杰，我是安德烈·特罗克梅牧师。”他不在乎。如果你是歌利亚，你要如何打败有这种想法的人？当然，你可以杀了他。但是这种方法会产生适得其反的效果，就像英国对北爱尔兰施加压力、加州启用三振出局法一样。过度使用权力会让人质疑权力的合法性，而在不具有合法性的情况下强制使用武力则会激起人们的反抗，他们不会屈服的。你可以杀了安德烈·特罗克梅，但是还会有另外一个安德烈·特罗克梅诞生。

特罗克梅 10 岁那年，有一天，他们一家子开车去乡下。他和两个哥哥、一个堂兄坐在后座，他的父母坐在前座。因为在他们前面的那辆车开得很慢，所以他父亲愤怒地超车了。“保罗，保罗，不要开那么快。会出事的！”他的母亲大喊。汽车失去了控制。小安德烈·特罗克梅成功地从汽车残骸中爬出来。他的父亲、两个哥哥和堂兄都没事，但是他的母亲死了，她的尸体就在 30 英尺开外的地方。

面对纳粹军官的经历，与看到母亲的尸体躺在路边比起来，太不足为惧了。很多年后，特罗克梅提到了自己已故的母亲：

> 如果我罪孽太重，如果我曾经那么孤独，如果我的灵魂总是被这种罪孽和孤独占据，如果我总是怀疑一切，如果我是一个宿命论者，如果我有一个悲观的每天都在等死、寻死的孩子，如果我迟迟不肯打开心房、很老才体会到快乐，如果我是一个忧郁的、没办法发自内心大笑的男人，那都是因为您在6月24日那天离开了我。
>
> 但是，如果我相信永恒……如果我努力促使自己前进，那也是因为我孤单，因为您不再是我的神，您不再用您丰富的生活来填满我的心灵，不再主导我了。[13]

在法国，收容犹太人的并不是那些特权阶层和富裕人家，而是社会的边缘人士和那些曾被迫害的人。这个事实再次提醒我们，不幸和灾难带来的后果是十分有限的。如果你没有阅读的能力，你会培养出聆听的能力；如果你向一个城市投放炸弹，你的确会让人们死伤无数，会让城市变成废墟，但是你会激发出一个死里逃生的群体；如果你的父亲或者母亲去世了，你会感到痛苦、绝望，但是当你走出绝望时，你会收获不可战胜的力量。巨人和牧童在以拉山谷时，你眼里只有那个穿着闪闪的铠甲、拿着剑和盾牌的男人。但是在这个世界上，有许多的美丽和意义都源自那个牧童，他拥有我们想象不到的力量和意识。

玛格达和安德烈·特罗克梅的大儿子名叫让·皮埃尔。他是一个是多愁善感的天才少年。安德烈·特罗克梅在他身上倾注了很多心血。战争临近尾声的一个晚上，他们一家人一起去看诗人维利翁《被绞死的人之歌》的诗歌朗诵会。隔天晚上，特罗克梅夫妇回家吃晚饭的时候，发现让·皮埃尔在浴室上吊自杀了。特罗克梅跌跌撞撞地走进树林里大喊着："让·皮埃尔！让·皮埃尔！"后来，他写道：

> 即使到了今天，我的内心仍然背负着死亡，是我儿子的死亡，我像一棵被砍掉树冠的松树。松树不会再长出新的树冠了。它们会一直这样歪歪扭扭地生长。

他写这些的时候一定曾停下来沉思片刻。因为勒尚邦所发生的一切都在告诉他，一切都还有希望。于是他又写道：

> 但它们会越长越厚实，也许，这就是我正在做的事。[14]

致谢

本书得益于很多人的智慧和慷慨相助：我的父母，我的代理人蒂娜·贝内特，《纽约客》编辑亨利·芬德、杰夫·尚德和帕梅拉·马歇尔，小布朗的整个团队，英国企鹅图书的海伦·康福德，还有我的很多朋友，他们是：查尔斯·兰多夫、萨拉·莱尔、雅各布·韦斯伯格、莱顿一家、特里·马丁、塔利·法哈迪安、埃米莉·亨特、罗伯特·麦克拉姆。我尤其要感谢校对员简·基姆和凯里·邓恩；还有我的神学顾问吉姆·洛普·蒂森，他来自安大略省基奇纳的集会教堂。当然还有比尔·菲利普，你是一位大师。

注释

前言　未知的机会：大卫与歌利亚

1. 描写大卫和歌利亚之战的学术作品众多。这是其中之一：John A. Beck, “David and Goliath, a Story of Place: The Narrative-Geographical Shaping of 1 Samuel 17”, *Westminster Theological Journal* 68 (2006): 321—330。

2. 克劳狄乌斯·夸迪伽里乌斯对决斗的解释摘自 Ross Cowan, *For the Glory of Rome*（Greenhill Books, 2007），140。在古代，一旦大家知道大卫是投石高手，便会对大卫拥有战术上的优势这点深信不疑。以下是罗马军事历史学家韦格提乌斯的描写（*Military Matters*, Book I）：

> 新兵需要学习用手和投石器投石的技巧。据说投石器是由巴利阿里群岛的居民发明的，他们对这一技巧掌握得特别熟练，这要归功于他们养育孩子的方式。孩子们需要食物时，就得用投石器投中食物，这时候母亲才会把食物给他们。没有穿铠甲的士兵更容易被敌人用投石器投出的圆形石子击中，而他们被弓箭射中的概率更低一些。石头可以杀人，但是它不会让人的身体变得残缺不全，这种不出血的挫伤是致命的。众所周知，在古代，交战时都会有投石手。而且无一例外，投石手都是军队的指挥官，因为投石手不会被任何东西阻碍，命中率非常高。他们在多石地区交战，需要守住一座山或某个重要人物，或在让进攻城堡、城市的人撤退时，命中率尤其高。

3. 摩西·加西埃尔写的“以拉谷之战和大卫与巨人的决斗：在历史与

艺术神学史学之间”（“The Valley of Elah Battle and the Duel of David with Goliath: Between History and Artistic Theological Historiography”）这一章摘自 *Homeland and Exile* (Brill, 2009)。

4. 巴鲁克·哈尔彭对投石器的论述摘自 *David's Secret Demons* (Eerdmans Publishing, 2001)，11。

5. 埃坦·赫希的计算参见 Eitan Hirsch, Jaime Cuadros, and Joseph Backofen, “David's Choice: A Sling and Tactical Advantage”, *International Symposium on Ballistics*（Jerusalem, May 21—24, 1995）。

赫希的文章中有很多类似的段落：

> 在进行尸体和混合仿真模型实验时，用直径 6.35 毫米、速度为 370 米 / 秒的钢弹射击头盖骨的顶骨，能量只需达到 72 焦耳就能在头盖骨上打一个洞（没有打穿）。子弹不必在头盖骨上打一个洞，只需要打碎额骨，让头骨自行断裂、下凹（最好的情况下），或是让对方陷入昏迷状态。这类打击会先对额骨造成影响，进而影响血管和大脑组织的运动……因为大脑的运动比头骨缓慢。要造成这两种影响，分别只需要 40 焦耳和 20 焦耳的能量。

赫希在一次科学会议上介绍了他的分析结果。他在写给我的一封邮件里补充道：

> 演讲后的第二天，一个参加会议的人告诉我：在克里克决斗时，人们可以找到质量密度为 4.2 克 / 立方米（通常的石头密度为 2.4 克 / 立方米）的重晶石。如果大卫用这种石头去对付歌利亚的话，那么他的优势就会比我们所知道的大得多。

6. 罗伯特·多伦温德的文章《投石器：被遗忘的古代火力》[“The Sling: Forgotten Firepower of Antiquity”, *Journal of Asian Martial Arts* 11, no. 2（2002）]，极为详细地分析了投石器的能量。

7. 摩西·达扬关于大卫和歌利亚的论文《战斗精神》（“Spirit of the Fighters”）摘自 *Courageous Actions—Twenty Years of Independence* 11 (1968): 50—52。

8. 歌利亚患有肢端肥大症的设想是由 C. E. 杰克逊（C. E. Jackson）、P. C. 塔尔伯特（P. C. Talbert）、H. D. 凯勒（H. D. Caylor）在《副甲状腺功能亢进遗传》[“Hereditary Hyperparathyroidism,” *Journal of the Indiana State Medical Association* 53 (1960): 1313—1316] 中首先提出来的。之后，大卫·拉宾（David Rabin）和波林·拉宾（Pauline Rabin）在写给《新英格兰医学杂志》（1983 年 10 月 20 日）的信中也提出了这个设想。紧接着，一些其他的医学专家也提出了同样的看法。斯坦利·斯普雷彻（Stanley Sprecher）在给《放射线学》（1990 年 7 月）的信中写道：

> 无疑，歌利亚的身材如此高大是因为他患有脑垂体大腺瘤，该肿瘤引发了肢端肥大症。脑垂体瘤很大，因此会给视神经交叉造成压力，引起视觉问题。所以在大卫拿着投石器转圈时，歌利亚没有看到。石头通过一块薄薄的额骨进入了歌利亚的颅顶，造成其鼻旁窦肿大。肢端肥大症的人通常都会患鼻旁窦。石头进入歌利亚肿大的脑垂体中，引起脑垂体出血，进而导致小脑幕裂孔疝和死亡。

以色列神经病学家弗拉基米尔·贝尔金（Vladimir Berginer）对歌利亚的身体残疾进行了最完整的描述。歌利亚由携盾侍从引领的疑问也是弗拉基米尔·贝尔金提出的。可参看 Vladimir Berginer and Chaim Cohen, “The Nature of Goliath’s Visual Disorder and the Actual Role of His Personal Bodyguard,” *Ancient Near Eastern Studies* 43 (2006): 27—44。贝尔金和科恩写道：“因此我们推测

‘携盾侍从’是非利士人使用的原文。该说法较委婉，指的是那些充当歌利亚向导的士兵。他们的出现是为了维护非利士英雄的名声。他们也许还给了他一面盾，这样才是名副其实的‘携盾侍从’！”

1 突破规则：篮球比赛的阴谋

1. 伊万·阿雷金·托夫特描写弱国获胜概率的书籍为《弱者如何赢得战争》(*How the Weak Win Wars*,Cambridge University Press, 2006)。

2. “摘自 T. E. 劳伦斯的《智慧七柱》(*Seven Pillars of Wisdom*, Wordsworth Editions, 1999)。

3. 威廉·波尔克描写非常规战争的书《暴力政治：从美国革命到伊拉克的暴乱、恐怖主义、游击战历史》摘自 *the American Revolution to Iraq*, Harper, 2008。

2 边际效益递减：最佳班级人数

1. 20 世纪 80 年代，在田纳西州进行的 STAR 项目（Student-Teacher Achievement Ratio，学生–老师成绩比率）也许是研究减少班级人数效应的最著名实验。该项目选了 6 000 名学生，并随机将他们分配到小班或大班，然后对他们整个小学阶段的成绩进行跟踪研究。研究表明，小班学生的成绩比大班学生的好，他们可以取得微不足道但却有用的学位。之后，美国各州和各地区花了数十亿美元缩小班级规模，其动力很大程度都来源于 STAR 项目的研究结果。但是 STAR 项目的研究结果并不准确。例如，有确凿的证据表明，在研究过程中，大班和小班的人数会发生异常的变化。似乎大班学生的家长因动机驱使，会将自己的孩子调到小班。表现不佳的孩子在同一个班级的排名可能会因此下降。更大的问题在于该研究并不是盲目轻率的。小班的老师知道人们会更关注他们的班级。正常在科学研究中，“不盲目”的实验结果往往被认为不可信。想了解更多有关 STAR 项目的描述，可参见 Eric Hanushek, “Some Findings from an Independent Investigation of the Tennessee STAR Experiment and from Other Investigations of Class Size Effects” *Educational Evaluation and Policy Analysis 21*, no. 2 (summer 1999): 143—163。霍克斯比的自然实验则更为可信。霍克斯比的研究结果可参见 Caroline Hoxby，“The Effects of Class Size on Student Achievement: New Evidence from Population Variation，” *Quarterly Journal of Economics* 115, no. 4 (November 2000): 1239—1285。想了解更多关于班级人数的讨论，可参见 Eric Hanushek, The *Evidence on Class Size* (University of Rochester Press, 1998); Eric Hanushek, Alfred Lindseth, *Schoolhouses, Courthouses and Statehouses: Solving the Funding-Achievement Puzzle in America's Public Schools* (Princeton University Press, 2009), 272; Ludger Wössmann, Martin R. West, “Class-Size Effects in School Systems Around the World: Evidence from Between-Grade Variation in TIMSS”，*European Economic Review* (March 26, 2002)。

2. 想了解更多关于财富和幸福感的研究，可参见 Daniel Kahneman, Angus Deaton, “High Income Improves Evaluation of Life but Not Emotional Well-Being,” *Proceedings of the National Academy of Sciences* 107, no. 38 (August 2010): 107。Barry Schwartz, Adam Grant, “Too Much of a Good Thing: The Challenge and Opportunity of the Inverted U,” *Perspectives on Psychological Science* 6, no. 1 (January 2011): 61—76 讨论了幸福感的倒 U 形曲线理论。

3. 想了解更多关于饮酒和健康的倒 U 形曲线内容，可参见 Augusto Di Castelnuovo et al., “Alcohol Dosing and Total Mortality in Men and Women: An Updated Meta-analysis of 34 Prospective Studies,” *Archives of Internal Medicine* 166, no. 22 (2006): 2437—2445。

4. 在“Using Maimonides' Rule to Estimate the Effect of Class Size on Scholastic Achievement” [*Quarterly Journal of Economics* (May 1999)] 中，约书亚·安格瑞斯特（Joshua Angrist）和维克多·拉维（Victor Lavy）指出，他

们观察到的可能是曲线的左半部分现象："以色列的结果是否适用于美国或者其他发达国家，是一个值得深思的问题。因为文化和政策上的差别，以色列的生活标准较低，他们花在每个学生身上的教育费用也比美国、经济合作与发展组织的国家低。而且就像上文提到的，以色列的班级规模比美国、英国和加拿大的大。所以这里的结果可成为一种证据：缩小班级规模的政策不适合大部分的美国学校。"

5. 杰西 · 列文关于班级人数和学习成绩的研究出自"For Whom the Reductions Count: A Quantile Regression Analysis of Class Size and Peer Effects on Scholastic Achievement," *Empirical Economics* 26 (2001): 221。人们对小班教育的执着确实造成了一些影响。所有的教育研究者都认为，教师质量远比班级规模大小重要。一个好的老师可以在一年内教给孩子一年半的知识量；而一个低于平均水平的老师可能一年内只能教给孩子半年的知识量。这就是一年内知识量的差别。这也就意味着老师会更加注意在班级排名靠前的学生，而不是那些坐在班级前列的学生。问题是，好老师很少，我们根本没有足够专业、具备启迪大量孩子学习的复杂技能的老师。

所以我们应该怎么做？应该解雇那些不好的老师；或者对他们进行培训，以提高他们的教学能力；或者提高好老师的待遇，以便让他们可以带更多的学生；又或者提高教师工作的档次，以吸引更多擅长教学、具有特殊技能的老师。我们要做的最后一件事是解决我们的教学系统中拥有太多水平较差的教师及没有足够优秀教师的问题。我们应该放宽眼界，去招聘更多的教师。近年来，许多工业化国家都采取了这样的措施，同时，他们也强调要缩小班级规模。在这里，要指出一个问题，缩小班级规模的成本是巨大的，比任何一种措施的成本都高。招聘更多教师、建造更多教室的成本太高，因此也就没有多少钱可以给教师发工资。结果就是，教师的工资水平与其他职业相比，在过去 50 年内持续下滑。

在过去 30 年里，美国的学校放弃了这种策略：寻找水平较高的老师，让他们教更多的学生，给他们更高的工资（其实这种策略对孩子的帮助是最大的）。反而是尽力去招聘每一个可以招聘到的老师，然后付给他们微薄的工资。在 20 世纪，美国公共教育费用的增长幅度令人震惊：在 1890—1990 年，以定值美元计算的话，教育花费从 20 亿增加到 1 870 亿，20 世纪末的费用则加速增长。这些费用绝大部分都花在招聘更多教师，实行小班教育上了。在 1970—1990 年，美国公立学校的学生–教师比例从 20.5% 下降到了 15.4%，为支付这些多招聘的教师的工资，他们多花了几十亿美元。

为什么会发生这样的情况？因为世界教育政策的变化，各国注重的是教师数量及学校办学特点。但这并不是一个完全令人满意的答案。美国、加拿大、英国、法国的公立学校并不是被迫将教育经费花在缩小班级规模上的，而是他们想要小班教育。为什么？因为他们拥有足够的财富，他们付得起小班教育的费用，然而他们并不明白，那些能用钱财买到的东西并不会让他们变得更好。

3 大鱼小池塘效应：印象派的抉择

1. 对印象派画家的论述基于多本书籍，主要包括：John Rewald, *The History of Impressionism* (MOMA, 1973)；Ross King, *The Judgment of Paris* (Walker Publishing, 2006)，讲述的主要是世界各大美术展；Sue Roe, *The Private Lives of the Impressionists* (Harper Collins, 2006)；Harrison White，Cynthia White, *Canvases and Careers: Institutional Change in the French Painting World* (Wiley & Sons, 1965), 150。

2. 斯图菲的研究（与爱德华 · 萨奇曼，利兰 · 迪瓦尼，雪莉 · 丝达和小罗宾 · 威廉合作）摘自 *The American Soldier: Adjustment During Army Life*, vol.1 of *Studies in Social Psychology in World War II* (Princeton University Press, 1949), 251。

3. 想了解更多关于幸福国家的内容，可参见 Mary Daly，Andrew Oswald，

Daniel Wilson, Stephen Wu, “Dark Contrasts: The Paradox of High Rates of Suicide in Happy Places”, *Journal of Economic Behavior and Organization* 80 (December 2011); Carol Graham, *Happiness Around the World: The Paradox of Happy Peasants and Miserable Millionaires* (Oxford University Press, 2009)。

4. 詹姆斯 · 戴维斯（James Davis）在“The Campus as Frog Pond: An Application of the Theory of Relative Deprivation to Career Decisions of College Men” [*The American Journal of Sociology* 72, no. 1 (July 1966)] 中首先提出了学校选择相对剥削论。戴维斯总结道：

> 从个人角度来说，我的研究结果对以下概念提出了挑战：想要拥有一份好的职业，最有效的方法就是进入“最好的”学校学习。假设指导老师和家长在考虑是否将孩子送入“好”学校时没有兼顾优势和劣势，那么这个孩子在班级里的学习成绩一定会是垫底的。“在小池塘里做一条大鱼比在大池塘里做一条小鱼好多了”这句格言并不完全正确，但却有一定参考价值。

5. 赫伯特 · 马什任教于牛津大学教育学院。他在职业生涯中有许多杰出的学术成果。单是“大鱼小池塘”这一个专题，他就写了无数的学术论文。参见 H. Marsh, M. Seaton, et al., “The Big-Fish-Little-Pond-Effect Stands Up to Critical Scrutiny: Implications for Theory, Methodology, and Future Research,” *Educational Psychology Review* 20 (2008): 319—350。

6. 想了解更多关于 STEM 项目的统计内容，可参见 Rogers Elliott, A. Christopher Strenta, et al., “The Role of Ethnicity in Choosing and Leaving Science in Highly Selective Institutions,” *Research in Higher Education* 37, no. 6 (December 1996); Mitchell Chang, Oscar Cerna, et al., “The Contradictory Roles of Institutional Status in Retaining Underrepresented Minorities in Biomedical and

Behavioral Science Majors," *The Review of Higher Education* 31, no. 4 (summer 2008)。

7. 约翰 · P. 康利和阿里 · 西纳 · 昂代尔的优秀论文摘自"An Empirical Guide to Hiring Assistant Professors in Economics", *Vanderbilt University Department of Economics Working Papers Series*, 2013 年 5 月 28 日。

8. 弗雷德 · 格林普的"快乐的垫底区域"策略来自杰罗姆 · 卡拉贝尔（Jerome Karabel）的 *The Chosen: The Hidden History of Admission and Exclusion at Harvard, Yale, and Princeton* (Mariner Books, 2006), 291。卡拉贝尔总结道：

> 格林普是否在暗示我们，那些处在垫底区域的学生如果为自己的处境感到开心的话会更好？因此，被称为"快乐的垫底区域"的声名远播（有些人可能会说臭名昭著）的哈佛入学实践诞生了……格林普的目的在于找出"正确的学生垫底区域——让那些有想法、有自我力量、喜欢参加课外活动的学生，获得自尊（或者其他），并在 C 组得到最多的机会"。

9. 平权法案的问题在某些细节上值得商讨。看看下面这个从理查德 · 桑德尔和斯图尔特 · 泰勒所著的《失调：意在帮助少数族裔的平权法案如何伤害学生，以及为什么大学不赞同开展平权法案》（Basic Books, 2012）一书中提取的表格。该表格呈现的是美国黑人在法学院的表现，以及他们同白人学生的比较。班级排名从 1~10，1 为第十名，10 为第一名。

排名	黑人	白人	其他
1	51.6%	5.6%	14.8%
2	19.8%	7.2%	20.0%
3	11.1%	9.2%	13.4%

续表

排名	黑人	白人	其他
4	4.0%	10.2%	11.5%
5	5.6%	10.6%	8.9%
6	1.6%	11.0%	8.2%
7	1.6%	11.5%	6.2%
8	2.4%	11.2%	6.9%
9	0.8%	11.8%	4.9%
10	1.6%	11.7%	5.2%

这个表格中有很多数字，但是只有两排数据真正有用，就是第一排和第二排。这两排数据体现的是美国普通法律学院班级垫底区域的学生种族分布情况。

排名	黑人	白人	其他
1	51.6%	5.6%	14.8%
2	19.8%	7.2%	20.0%

这就是桑德尔和泰勒分析该策略成本使用的方法。假设两个同是就读于法律院校的黑人学生的年纪和测试成绩都是一样的。这两个人基于平权法案，都申请了优秀法律院校。一个被录取了，一个被拒绝了。被拒绝的那个人因为逻辑考虑、经济或家庭方面的原因而选择了第二志愿的学校，去了那个没那么有名也不那么优秀的法学院。桑德尔和泰勒在大量样本中抽出了类似的“配对”学生，并从法学院的毕业率、一次通过美国律师资格考试、从未通过律师资格考试及法律实践四个方面比较了他们的表现。他们得到的结果相差甚远。从每个方面来说，那些没有上“最好”学校的黑人学生比那些上“最好”学校的学生的表现更加突出。

成功的职业生涯	白人	黑人	黑人（平权法案）
从法律学院毕业的人数百分比	91.8	93.2	86.2
一次通过美国律师资格考试的人数百分比	91.3	88.5	70.5
从未通过美国律师资格考试的人数百分比	96.4	90.4	82.8
有法律实践的人数百分比	82.5	75.9	66.5

桑德尔和泰勒指出了极具说服力的一点：如果你是黑人，你很想当律师的话，你就要学印象派画家，避开那些“大池塘”。不要去那些在你看来可以提高你的等级的学校，而是要去那些你不想去的学校。桑德尔和泰勒坦率地说道：“在任何一个法学院，班级的垫底区域都是一个很糟糕的地方。”

顺便说一句，读过我那本《异类》的人都知道，我在那里面讨论了平权法案和法学院的问题。我在那本书中提出了一个与众不同的观点：智力水平的作用会在某个点趋于平稳。这就意味着，来自不同名校的学生，虽说他们的智力有一定区别，但这不一定会对其学业有影响。换句话说，假设一个被顶尖的法律院校录取但证书资格较低的律师会比同样被顶尖法律院校录取、证书资格较高的律师差，这个观点是错误的。为了支持这个观点，我采用了密歇根大学法学院的数据。这些数据表明，那些因平权法案被录取的黑人学生，他们的职业生涯和那些白人学生的天差地别。

我还相信这个结论吗？相信，也不相信。我仍相信在那些高智商人群中，智力水平能产生的好处会趋于平衡。但我现在回头看看，我认为我在《异类》中提出的关于法律院校的看法很天真。当时我并不熟悉相对剥削理论。而如今，我对平权法案的疑问也更多了。

4　补偿学习：局外人的优势

1. 玛丽安娜·沃尔夫（Maryanne Wolf）在其所著的 *Proust and the Squid:*

The Story and Science of the Reading Brain (Harper, 2007) 一书中，对阅读障碍进行了详细、全面的介绍。

2. 比约克夫妇写了大量有关阅读障碍症的优秀作品。下面是他们的作品概览：Elizabeth Bjork，Robert Bjork, "Making Things Hard on Yourself, But in a Good Way: Creating Desirable Difficulties to Enhance Learning," *Psychology and the Real World*, M. A. Gernsbacher et al., eds. (Worth Publishers, 2011), ch. 5。

3. 球和球拍、部件的问题摘自 Shane Frederick, "Cognitive Reflection and Decision Making," *Journal of Economic Perspectives* 19, no. 4 (fall 2005)。亚当·奥尔特和丹尼尔·奥本海默在普林斯顿大学做的 CRT 实验摘自 Adam Alter et al., "Overcoming Intuition: Metacognitive Difficulty Activates Analytic Reasoning," *Journal of Experimental Psychology: General* 136 (2007)。奥尔特还写了一本关于这项研究的新书 *Drunk Tank Pink* (Penguin, 2013)。

4. 朱莉·洛根关于"患有阅读障碍症的企业家研究"摘自"Dyslexic Entrepreneurs: The Incidence; Their Coping Strategies and Their Business Skills," *Dyslexia* 15, no. 4 (2009): 328—346。

5. 宜家的故事来自 Ingvar Kamprad, Bertil Torekull, *Leading by Design: The IKEA Story* (Collins, 1999)。无疑，在切尔卡（Torekull）对坎普拉德的访问中，并没有任何证据显示坎普拉德在冷战期间和一个共产党国家做生意时没有犹豫。相反，坎普拉德看起来倒是有些麻木："我们先走私了一些东西，非法的。我们将文件、家具零件，甚至老打字机使用的复写纸通过这种方式送到那边。"

5 士气的结构：灾难的两面性

1. 伦敦闪电战的内容摘自 Tom Harrisson, *Living Through the Blitz* (Collins, 1976)。"丘吉尔说伦敦是'世界上最大的一个目标'"摘自 22 页；"我躺在那里，心里有种难以言喻的幸福感和胜利感"摘自 81 页；"什么？那样不就无法经历这么刺激的事情了？”摘自 128 页。还有一部分内容摘自 Edgar Jones, Robin Woolven, et al., “Civilian Morale During the Second World War: Responses to Air-Raids Re-examined,” *Social History of Medicine* 17, no. 3 (2004); J. T. MacCurdy, *The Structure of Morale* (Cambridge University Press, 1943)。“1940 年 10 月，我开车去了伦敦东南部”摘自 16 页；“一个群体的士气依赖于那些活着的人”摘自 13—16 页；“听到第一声警报时”摘自第 10 页。

2. 著名诗人和作家的信息调查摘自 Felix Brown, “Bereavement and Lack of a Parent in Childhood,” 发表于 *Foundations of Child Psychiatry*, Emanuel Miller, ed. (Pergamon Press, 1968)。“这并不是说当孤儿和身处贫困是好事”摘自 444 页。想了解马文·艾森施塔特的研究细节，可参见“Parental Loss and Genius”, *American Psychologist* (March 1978): 211。想了解露西尔·艾尔芒格更多关于英国首相的研究，可参见 *The Fiery Chariot: A Study of British Prime Ministers and the Search for Love* (Secker and Warburg, 1970), 4。事实上，艾尔芒格在统计中犯了一个错误，历史学家休·伯林顿（Hugh Berrington）在 *British Journal of Political Science* 4[(July 1974): 345] 中对此进行了纠正。研究丧父（母）与成就之间关系的文献值得关注。其中包括 S. M. Silverman, “Parental Loss and Scientists,” *Science Studies* 4 (1974); Robert S. Albert, *Genius and Eminence* (Pergamon Press, 1992); Colin Martindale, “Father's Absence, Psychopathology, and Poetic Eminence,” *Psychological Reports* 31 (1972): 843; Dean Keith Simonton, “Genius and Giftedness: Parallels and Discrepancies,” 摘自 *Talent Development: Proceedings from the 1993 Henry B. and Jocelyn Wallace National Research Symposium on Talent Development*, vol. 2，N. Colangelo, S. G. Assouline, D. L. Ambroson, eds., 39—82 (Ohio Psychology Publishing)。

3. 有两本关于儿童白血病治疗史的书写得特别好，分别是 John Laszlo, *The Cure of Childhood Leukemia: Into the Age of Miracles* (Rutgers University Press, 1996); Siddhartha Mukherjee, *The Emperor of All Maladies* (Scribner, 2011)。“有一位资深的血液学专家”引述的是拉斯洛书中的话（183 页）。拉斯洛拜

访了那个时期的每位专家，那本书的每一章都是一部独立的口述病史。

4. 斯坦利 · 拉赫曼对患有恐惧症的人所做的实验在 “The Overprediction and Underprediction of Pain,” *Clinical Psychology Review* 11 (1991) 中有所描述。

5. 摘自 Diane McWhorter, *Carry Me Home: Birmingham, Alabama; The Climactic Battle of the Civil Rights Revolution* (Touchstone, 2002)。

6. 同上，第 98 页。

7. 同上，第 109 页。

8. 同上，第 110 页。

9. 同上，第 215 页。

10. 尤金 · 科贡的回忆录为《地狱理论和实践》(Berkley Windhover, 1975)，摘自第 278 页。

6 “不随和”特质：20 世纪的黑人运动

1. 摄影师的故事和所有民权运动照片的意义，Martin Berger 的 *Seeing Through Race: A Reinterpretation of Civil Rights Photography* (University of California Press, 2011) 中均有详细的解释。所有照片的描述和其影响都来自伯杰的书。伯杰提出了一个更深刻的论点——这一点更发人深省：20 世纪 60 年代的白人需要黑人运动，好让他们看起来更为被动，也更像“圣人”。指责马丁 · 路德 · 金和沃克在抗议中利用孩子的内容在 82—86 页有述。加兹登的行为解释在 37 页有述。

2. 黛安娜 · 麦克沃特所著的《带我回家》[*Carry Me Home: Birmingham, Alabama; The Climactic Battle of the Civil Rights Revolution* (Touchstone, 2002)] 一书对马丁 · 路德 · 金领导的伯明翰运动做出了正面的评价，这也是唯一的正面评价。该书描写伯明翰运动的章节弥漫着浓浓的感恩气息。如果你觉得沃克的故事很特别，那你应该去读读麦克沃特的书。这本书是我读过的最好的历史书。“有这样一种犯罪科学”摘自 340 页的脚注；“当时参加会议的还有总统夫人埃米莉·罗斯福”摘自 292 页；“犹太人的内心完全跟‘黑鬼’一样”摘自 292 页；“住在芝加哥的一个黑人早上醒来”摘自 30 页；“人们震惊地看着马丁·路德·金”摘自 277 页；“我们只是利用了我们得到的一切”，摘自 363 页；关于犬牙团的内容摘自 372 页；“当然，有人被警犬袭击了”摘自 375 页。麦克沃特对凯利·英格拉姆公园的那场示威活动做出了出色的评价，我对此进行了精简。

3. 马丁·路德·金的悼词在泰勒·布兰奇的书中有述：*Parting the Waters: America in the King Years 1954—1963* (Simon and Schuster, 1988), 692。布兰奇对怀亚特·沃克（“他总是戴着深色眼镜”）的描述，可参见 285 页。“一般来说，沃克就是要保证一切都顺利进行”，摘自 689 页。马丁·路德·金对那些被捕学生的家长说的话在 762—764 页中有述。

4. 这句话出自安德鲁·马尼斯（Andrew Manis）对怀亚特·沃克的一次采访，摘自 Canaan Baptist Church of Christ, New York City, April 20, 1989，第 6 页。采访的手稿存于亚拉巴马州伯明翰的伯明翰公共图书馆。同样摘自该次采访的有：“这个人肯定是脑子坏了”，14 页；“他们只会视而不见……在这些白人的眼里”，22 页。

5. 这里引用的是劳伦斯·莱文作品的原话。该作品是《黑人文化和黑人意识：从奴隶制到自由的美国黑人思想》(Oxford University Press, 2007, 107)。同样摘自劳伦斯作品的有：“就像奴隶们所说的那样”，112 页；“具有痛苦的现实意义”，115 页；“19 世纪奴隶制观察者和白人主人留下的记录”，122 页。小龟的故事则在 115 页有述。

6. 出自约翰·布里顿（John Britton）对怀亚特·沃克的采访。该采访是民权记录项目（Civil Rights Documentation Project）的一部分，收藏于霍华德大学的莫兰-斯平加恩研究中心（Moorland-Spingarn Research Center）。参看手稿第 35 页。同样出自该采访的有：“如果你惹到我了，我也不会对你客气”，66 页；“如果那时我带着剃刀的话”，15 页；“我会调整或者改变我的道德准则”，63 页；“亮出底牌”，59 页；“我打电话给金博士”，61 页；“伯明翰很热”，62 页。

7. 罗伯特·佩恩·沃伦采访了一些民权运动分子和领导者。这是他为自己的著作 *Who Speaks for the Negro?* 所做的部分研究。这些采访被收录进罗伯特·佩恩·沃伦民权口述史项目（Robert Penn Warren Civil Rights Oral History Project），藏于肯塔基大学的 Louie B. Nunn 口述史研究中心。“纯粹的玩笑”是 1964 年 3 月 18 日采访时怀亚特·沃克说的，出现于第 1 卷录音带中。

8. 普里切特和马丁·路德·金关于普里切特结婚纪念日的对话在豪厄尔·雷恩斯（Howell Raines）的作品中有述，*My Soul Is Rested: The Story of the Civil Rights Movement in the Deep South* (Penguin, 1983), 363—365。

9. 之前就有人用骗子的故事来形容民权运动。例如：Don McKinney, “Brer Rabbit and Brother Martin Luther King, Jr: The Folktale Background of the Birmingham Protest,” *The Journal of Religious Thought* 46, no. 2 (winterspring 1989—1990): 42—52。麦金尼写道（50 页）：

> 就像狡猾的贝尔兔给狐狸下套一样，狐狸做了贝尔兔想要它做的事情（例如，兔子求狐狸把它绑起来），马丁·路德·金和那些精明的顾问领导的非暴力抵抗运动也是如此。他们因此让“公牛”康纳做了他们想让他做的事。把这么多的黑人示威者抓进牢里不仅会引起国民的注意，实际上也使得伯明翰政府无法继续逮捕示威者。

也可参见 Trudier Harris, *Martin Luther King, Jr., Heroism and African American Literature* (University of Alabama Press, forthcoming)。

10. 沃克解释为什么运动需要“公牛”康纳反击的内容摘自迈克尔·库珀·尼克尔斯（Michael Cooper Nichols）的作品，“Cities Are What Men Make Them: Birmingham, Alabama, Faces the Civil Rights Movement 1963,” Senior

Thesis, Brown University, 1974, 第 286 页。

11. 沃克对康纳出动犬牙团的反应在詹姆斯 · 福尔曼的作品中有述，James Forman，*The Making of Black Revolutionaries: A Personal Account* (Macmillan, 1972)。

12. 马丁 · 路德 · 金责备《生活》杂志记者的话出自 Gene Roberts, Hank Klibanoff, *The Race Beat: The Press, the Civil Rights Struggle, and the Awakening of a Nation* (Random House, 2006)。

7 合法性原则：北爱尔兰的暴乱

1. 出自 Peter *Taylor, Brits* (Bloomsbury, 2002), 第 48 页。

2. 内森 · 莱特斯和小查尔斯 · 沃尔夫撰写的如何对付叛乱的作品，请参见 *Rebellion and Authority: An Analytic Essay on Insurgent Conflicts* (Markham Publishing Company, 1970)。“分析基础”这段出自 30 页。

3. 对伊恩 · 弗里兰的描写请参见 James Callaghan, *A House Divided: The Dilemma of Northern Ireland* (Harper Collins, 1973), 第 50 页。弗里兰和政府官员、记者看起来像是“在猎虎的英国统治者”，请参见 Peter Taylor, *Provos: The IRA and Sinn Fein* (Bloomsbury, 1998)，第 83 页。

4. 肖恩 · 麦克斯蒂奥芬关于革命是由愚蠢、粗暴的政府挑起的理论，请参见 Richard English, *Armed Struggle: The History of the IRA* (Oxford University Press, 2003), 第 134 页。

5. 有许多学者纷纷提出合法性原则。其中有三个特别值得一提：Tom Tyler, *Why People Obey the Law* (Princeton University Press, 2006); David Kennedy, *Deterrence and Crime Prevention* (Routledge, 2008); Lawrence Sherman, *Evidence-Based Crime Prevention* (Routledge, 2006)。这里我又举了另一个合法性的例子。以下为 2010 年发达国家排名，是根据这些国家的经济总量在世界的占比得出的非公开结果。也就是说，有些国家的居民为了避税采取了瞒报

的方式。这是对比各国纳税人诚信度的最好的方法之一。

美国	7.8	芬兰	14.3
瑞士	8.34	丹麦	14.4
奥地利	8.67	德国	14.7
日本	9.7	挪威	15.4
新西兰	9.9	瑞典	15.6
荷兰	10.3	比利时	17.9
英国	11.1	葡萄牙	19.7
澳大利亚	11.1	西班牙	19.8
法国	11.7	意大利	22.2
加拿大	12.7	希腊	25.2
爱尔兰	13.2		

上述排名出自弗里德里克·施耐德（Friedrich Schneider）的文章“The Influence of the Economic Crisis on the Underground Economy in Germany and other OECD countries in 2010”（未出版，修改版，2010 年 1 月）。这个排名并没有什么惊人之处。美国、瑞士、日本的纳税人都很诚实。西欧的大部分民主国家都是如此。而希腊、西班牙和瑞士则不是。事实上，希腊的逃税额太高，导致国家财政出现赤字。因为赤字太高，希腊这些年一直濒临国家破产的边缘。只要希腊人遵守法律，上缴应缴的税额，他们的国家就能避免这种情况。为什么美国人和希腊人相比，会那么规矩守法呢？

莱特斯和沃尔夫会说原因就在于在美国逃税的成本比收益高：如果美国人作弊的话，他们被抓到并被处罚的概率很高。但事实完全不是这样。在美国，每年审查的纳税申报单只有 1% 多一点儿，是很少的。如果美国人少报收入被抓到的话，最通常的处罚就是补缴应缴的税款，外加适当的罚款，很少有人因此坐牢。如果美国的纳税人理性行事——根据莱特斯和沃尔夫的定义——美国的逃税状况应该十分猖獗才对。就如税收经济学家说的：

在审查率只有1%的国家和地区，你的作弊机会高达90%，甚至更高。假如你说你的收入只有1美元，那么你要交30、40美分的税。而假如你不申报这1美元，你有可能会因此被抓。但是概率只有0.1%，甚至更低。如果你被调查的话，美国国税局（IRS）会对该收入是否属于境外收入进行认定。如果不是，你需要多缴约10%的税。如果政府审查了你的纳税申报单，发现你骗税，你需要多缴约75%的税。所以被抓到的成本并不是很高。作弊的成本相对来说高很多。

那为什么美国人不作弊？因为他们认为他们的制度是合法的。当人们看到每个人都被平等对待时；当他们有发言的机会，且政府能听到他们的意见时；当规则保持大体不变——今天政府这么对待你，明天政府依然会这么对待你时，人们就会接纳当权者。合法性的基础是公平、可发言和可预见性。虽然美国人总喜欢抱怨美国政府，但实际上，美国政府在这三个方面做得都很好。

而希腊，其地下经济总量是美国的3倍多。这并不是因为美国人比希腊人诚实。而是因为希腊的制度跟美国的制度相比，缺少一些合法性。希腊是欧洲最腐败的国家之一。该国的税制十分混乱，富人可以得到特殊的税率。假设你和我生活在这么一个税制公然不合法的国家——几乎没有任何公平可言，政府听不到我们的意见，规则总是时刻在变的国家——我们也一样不会纳税。

6. 有关爱尔兰游行季的论述请参见 Dominic Bryan, *Orange Parades: The Politics of Ritual, Tradition and Control* (Pluto Press, 2000)。

7. 1969年北爱尔兰问题引起的死亡人数和暴力犯罪数据，请参见 John Soule, "Problems in Applying Counterterrorism to Prevent Terrorism: Two Decades of Violence in Northern Ireland Reconsidered," *Terrorism* 12 (1989): 33。

8. 德斯蒙德·哈米尔对北爱尔兰地区英国军队的描写，请参见 *Pig in the*

Middle: The Army in Northern Ireland 1969—1984 (Methuen, 1985)。那首小曲（从“8 月 15 日”开始）摘自 18 页。“爱尔兰共和军……反击”摘自 32 页。

9. 弗里兰将军袭击楼而菲地区的描述出自肖恩·麦克斯蒂奥芬在 Seán Óg Ó Fearghaíl 的 *Law (?) and Orders*：*The Story of the Belfast Curfew* (Central Citizens' Defense Committee, 1970) 中有述。帕崔克·埃利曼之死的细节描写摘自 14 页。想了解更多关于宵禁的内容，可参看 Taylor 的 *Provos*。穿着睡衣的男人的细节描写出自 Nicky Curtis, *Faith and Duty: The True Story of a Soldier's War in Northern Ireland* (André Deutsch, 1998)。

8　倒 U 形曲线的限制：三振出局法

1. 描写三振出局法历史的作品有许多，其中一些比较主要的：Mike Reynolds，Bill Jones，Dan Evans, *Three Strikes and You're Out! The Chronicle of America's Toughest Anti-Crime Law* (Quill Driver Books/Word Dancer Press, 1996); Joe Domanick, *Cruel Justice: Three Strikes and the Politics of Crime in America's Golden State* (University of California Press, 2004); Franklin Zimring, Gordon Hawkins，Sam Kamin, *Punishment and Democracy: Three Strikes and You're Out in California* (Oxford, 2001); George Skelton, “A Father's Crusade Born from Pain,” *Los Angeles Times*, December 9, 1993。

2. 理查德·赖特和斯科特·德克尔对持械抢劫的罪犯的采访请参见 *Armed Robbers in Action: Stickups and Street Culture* (Northeastern University Press, 1997)。文中列举的评论摘自第 120 页。赖特和德克尔的作品特别引人入胜。以下也是他们提出的犯罪心理学内容：

> 一些持械抢劫的罪犯也不会去思考被抓到的问题，因为这类想法会让人的精神处于极度忧虑的状态。他们相信，甩掉这种忧虑的最好办法就是忘记风险，将一切交给命运。其中有个罪犯是这样说的：“我不能

完全跳开被抓的这种想法，因为我还是会担心自己被抓。”几乎所有的罪犯都很清楚自己的定位：他们不仅要在有压力的情况下迅速拿到钱，而且无疑要采用非法的手段去拿到钱。如果一个人，他除了犯罪别无他法，那显然犯罪对他的负面影响是十分有限的。罪犯在犯罪时通常会忽略风险，而优先考虑回报问题：“我是这么想的，我宁愿冒着被抓和被关押的风险，也不愿因为破产东奔西跑，也不愿放弃任何可以赚钱的机会。”有这种想法一点儿也不奇怪。

3. 大卫·肯尼迪对犯罪动机的讨论，请参见 *Deterrence and Crime Prevention* (Routledge, 2008)。安东尼·多伯和谢丽尔·韦伯斯特做的惩罚研究分析请参见 “Sentence Severity and Crime: Accepting the Null Hypothesis,” *Crime and Justice* 30 (2003): 143。

4. 体现年龄和犯罪之间关系的图表请参见 Alfred Blumstein, “Prisons: A Policy Challenge,” *Crime: Public Policies for Crime Control*, James Q. Wilson and Joan Petersilia, eds. (ICS Press, 2002), 451—482。

5. Todd Clear, *Imprisoning Communities: How Mass Incarceration Makes Disadvantaged Neighborhoods Worse* (Oxford University Press, 2007) 论述了在贫穷地域关押大批犯人的影响。克利尔那篇难以发表的论文 “Backfire: When Incarceration Increases Crime” 可以在 *Journal of the Oklahoma Criminal Justice Research Consortium* 3 (1996): 1—10 中找到。

6. 研究三振出局法对加州犯罪率影响的著作有很多。首先推荐齐姆林的 *Punishment and Democracy*。以下是法律实验的研究结果节选，摘自 Elsa Chen, “Impacts of ‘Three Strikes and You’re Out’ on Crime Trends in California and Throughout the United States,” *Journal of Contemporary Criminal Justice* 24 (November 2008): 345—370。

学者们运用 1986—2005 年这段代表性时期的加州犯罪数据分析三振出局法对加州乃至全美的影响。影响标准为对罪犯的震慑和遏阻作用，是否可控制先前就存在的犯罪趋势，以及对经济、民主、政策要素进行一定的整合。三振出局法在加州之外的地方使用有限。虽然如此，但从表面上来看，该法似乎使得全国范围内抢劫、偷窃、盗用汽车罪行的犯罪率快速下降。这种影响虽小，但却意义重大。三振出局法颁布后，谋杀罪行的犯罪率也有了一定程度的下降。虽然加州的法律是最宽泛的，审判人员也最经常使用三振出局法，但该法与其他法律相比，并没有对犯罪产生遏制作用。分析结果显示，最严酷的刑期并没有产生最有效的效果。

7. 论述坎达丝·德克森案的两部极好的作品：Wilma Derksen, *Have You Seen Candace?* (Tyndale House Publishers, 1992); Mike McIntyre, *Journey for Justice: How Project Angel Cracked the Candace Derksen Case* (Great Plains Publications, 2011)。那个儿子因车祸受重伤的阿米什母亲的故事在以下作品中有述：Donald B. Kraybill, Steven Nolt, David Weaver-Zercher, *Amish Grace: How Forgiveness Transcended Tragedy* (Jossey-Bass, 2010), 71。

8. 关于英国人在北爱尔兰问题上使用武力的论述，可参见 Paul Dixon, “Hearts and Minds: British Counter-Insurgency Strategy in Northern Ireland,” *Journal of Strategic Studies* 32, no. 3 (June 2009): 445—475。狄克逊指出（第 456 页）：

1972—1977 年，四个 16～44 岁的天主教男子中就有一个至少被逮捕过一次。帕迪·希利亚德（Paddy Hillyard）就是其中之一。在北爱尔兰地区，平均每个天主教家庭被搜查过两次。后来，很多家庭都洗脱了嫌疑。然而在一些地区，还有家庭被搜查“十次，甚至更多”。有人说，英国军队每月要对一些特定地区的家庭进行四次例行检查。“截止到 1974 年中期，英国军队已经清查了 34%~40% 的北爱尔兰成人和青少年。”在 1973 年 4 月 1 日至 1974 年 4 月 1 日，共有四百万辆汽车被截停检查。

约翰·索尔说北爱尔兰问题是“以报复性恐怖主义预防恐怖主义：我们应该重新思考北爱尔兰 20 年的暴力意味着什么”，参见 *Terrorism* 12, no. 1 (1989)。我在乔·多马尼克（Joe Domanick）的作品（*Cruel Justice*, 167）中看到了关于雷诺德带访客去每日星球餐厅的描写。

9　权力的大小：好客的乐尚邦

1. 想了解更多利尼翁河畔勒尚邦的信息和文化，可参见 Christine E. van der Zanden, *The Plateau of Hospitality: Jewish Refugee Life on the Plateau Vivarais-Lignon* (unpublished thesis, Clark University, 2003)。想多了解特罗克梅的信息，可参见 Krishana Oxenford Suckau, *Christian Witness on the Plateau Vivarais-Lignon: Narrative, Nonviolence and the Formation of Character* (unpublished dissertation, Boston University School of Theology, 2011); Philip Hallie, *Lest Innocent Blood Be Shed: The Story of the Village of Le Chambon and How Goodness Happened There* (Harper, 1994); Carol Rittner and Sondra Myers, eds., *The Courage to Care: Rescuers of Jews During the Holocaust* (New York University Press, 2012)。

2. 出自 *Christian Witness*, 6。

3. 摘自 *Lest Innocent Blood Be Shed* 第 96 页。

4. 摘自 *The Courage to Care* 第 101 页。

5. 摘自 *Lest Innocent Blood Be Shed* 第 99 页。

6. 摘自 *The Courage to Care* 第 101 页。

7. 特罗克梅的问题摘自 Garret Keizer，*Help: The Original Human Dilemma*

(HarperOne, 2005), 151。

8. 摘自 *Lest Innocent Blood Be Shed* 第 146 页。

9. 同上，第 226 页。

10. 同上，第 39 页。

11. 同上，第 233 页。

12. 同上，第 226 页。

13. 同上，第 51 页。

14. 同上，第 257 页。